Die Jagd nach Leben auf dem Mars

Donald Goldsmith

DIE JAGD NACH LEBEN AUF DEM MARS

Fakten – Hintergründe
Perspektiven

Forscher der NASA
entdecken Lebensspuren
auf dem roten Planeten

Aus dem Amerikanischen
von Will de Blôm

Scherz

Die Originalausgabe erscheint unter dem Titel
«The Hunt for Life on Mars» bei Dutton, New York.

Erste Auflage 1996

Lektorat: Redaktionsbüro Dr. Andreas Gößling, München.

Inhalt

Vorwort

Washington, D.C., im Juli 1996: In einem exklusiven Hotel, nur wenige Blocks vom Weißen Haus entfernt, hat der oberste politische Berater des Präsidenten – wie das Staatsoberhaupt mit einer Anwältin verheiratet, aber in dieser Hinsicht weniger fanatisch – sein wöchentliches Stelldichein mit einer der teuren Damen der Stadt begonnen. In dem Bemühen, die ihm durch seinen Zugang zur Macht verliehene aphrodisische Aura zu verstärken, und in glückseliger Unkenntnis der Tatsache, daß ihn seine Geliebte an ein Boulevard-Wochenblatt verraten wird, flüstert er ihr Geheimnisse aus den inneren Regierungskreisen ins Ohr. «Nur sieben Personen auf der Welt wissen das», raunt er atemlos. «Die NASA hat Leben auf dem Mars entdeckt!»

Dieser Dialog mag erfunden sein, doch der beschriebene Informationsfluß hat offensichtlich stattgefunden.

Nur wenige wissenschaftliche Entdeckungen steigen in derartige Sphären von Persönlichkeiten des öffentlichen Lebens auf. «Nicht in meinen wildesten Träumen habe ich mir vorgestellt, daß meine Forschung zum Gegenstand skandalösen Bettgeflüsters in der Nachbarschaft des Weißen Hauses werden könnte», sagte Professor Richard Zare, einer der Hauptakteure in dem Team, das Hinweise auf urzeitliches Leben in einem Felsbrocken vom Planeten Mars fand. Obwohl einer der bedeutendsten Wissenschaftler der Vereinigten Staaten, hatte Zare bis dahin fast völlig abgeschirmt von der allgemeinen Öffentlichkeit gelebt. Die plötzliche und unerwartete Ankündigung, daß es auf dem Mars urzeitliches Leben gegeben haben könnte, veränderte Zares Leben für mindestens einige Monate. Die Nachricht hat auch die Einstellung vieler Wissenschaftler und der breiteren Öffentlichkeit zu der Frage verändert, welchen Rang die Menschheit im Universum einnimmt.

Ich möchte dazu beitragen, daß diese Veränderung fortschreitet, und den Leser dieses Buches daher als Gast in einen «wissenschaftlichen Gerichtssaal» mitnehmen. Dort werden Forscher die Daten präsentieren, die auf Leben auf dem Mars hinweisen, und die Schlußfolgerungen aus diesen Beweisen diskutieren. Die wissenschaftlichen Ermittler werden uns helfen, die Stichhaltigkeit der in dem Marsgestein enthaltenen Zeugnisse zu beurteilen und darüber hinaus die Bedeutung dieser Erkenntnisse einzuordnen. Wie eine ausgedehnte Morduntersuchung umfaßt dieser Fall ein breites Spektrum wissenschaftlicher Forschungsgebiete: Astronomie, Biologie, Chemie und Geologie für Anfänger sowie exotischere, noch sehr junge Forschungsfelder wie «Exobiologie» (Leben an Orten außerhalb der Erde) und «Studien zum Ursprung des Lebens». Letzteres Gebiet steckt quasi noch in den Kinderschuhen, und die Forscher sind nicht in der Lage, die Ereignisse, die auf unserem Planeten vor ungefähr vier Milliarden Jahren stattgefunden haben, im Labor zu rekonstruieren. Die wissenschaftlichen Zeugenaussagen werden unstrittige Punkte wie das hohe Alter des Felsbrockens, der vom Mars fiel, ebenso wie heftig diskutierte Fragestellungen umfassen, beispielsweise die Interpretation der mikroskopischen «Ovoiden», die in dem Meteoriten gefunden wurden.

Wie Kriminalisten an einem Tatort müssen Wissenschaftler, die an der Jagd nach Leben auf dem Mars beteiligt sind, Anhaltspunkte suchen, ohne bereits sicher zu sein, welcher Art diese Anhaltspunkte sein könnten. Sie liegen daher ständig auf der Lauer nach dem marsianischen Äquivalent zum blutverschmierten Handschuh, den ein Mörder bei seiner hastigen Flucht vom Ort des Verbrechens verloren haben könnte. Wie die Spuren, welche die Ermittler zusammentragen und analysieren, überzeugen die Beweise für urzeitliches Leben auf dem Mars unterschiedliche Personen in unterschiedlichem Grad. Die Gesellschaft überläßt das abschließende Urteil in einem Gerichtsprozeß nicht den Experten, sondern einer (wie wir hoffen) repräsentativen bürgerlichen Jury. Ebenso muß jeder von uns für sich selbst entscheiden, wie zwingend ihm die Beweise für Leben auf dem Mars erscheinen. Um zu einem solchen Urteil zu gelangen, haben wir wie die Geschworenen eines Gerichts abzuwägen, wieviel Gewicht den Aussagen verschiedener Sachverständiger beizumessen ist. Jeder dieser Experten bringt sein Spezialwissen ein, wodurch unterschiedliche Aspekte des Falles beleuchtet werden. Manchmal widersprechen sich die Aussagen, selten stimmen sie vollkommen überein. Folgen Sie mir, und ich zeige Ihnen, wie Sie die Fäden einer wissenschaftlichen Untersuchung aufnehmen können, die zu einer erstaunlichen Geschichte verwoben sind – der Geschichte eines wundervollen Felsbrockens, der die Historie vom Leben auf zwei Planeten in sich birgt.

1 Der Tag, an dem sich die Welt veränderte

Am 7. August 1996 trat Präsident Bill Clinton vor das Weiße Haus in Washington, D.C., und verkündete, in der Antarktis sei ein Meteorit gefunden worden, der Anhaltspunkte dafür enthalte, daß auf dem Mars urzeitliches Leben existiert habe. Der Meteorit stammte tatsächlich vom Mars. Durch Techniken zur Altersbestimmung, die auf dem Zerfall radioaktiver Elemente in dem Gesteinsbrocken basieren, war ein Alter von viereinhalb Milliarden Jahren errechnet worden; damit war der Marsmeteorit älter als jeder Stein, der bis dahin auf der Erde oder auf dem Mond gefunden worden war. Außerdem enthielt dieser knapp zwei Kilogramm schwere Besucher vom Mars verschiedenartige Spuren, die zu belegen schienen, daß längst ausgestorbene Lebensformen einst in den Rissen des Felsbrockens existiert hatten.

«Wie alle Entdeckungen», fuhr der gut informierte Präsident fort, «wird und sollte auch diese hier weiterhin überprüft, untersucht und erforscht werden ... Ich bin fest entschlossen, die ganze intellektuelle Kraft und das überragende technologische Potential des amerikanischen Raumfahrtprogramms einzusetzen, um nach weiteren Anhaltspunkten für Leben auf dem Mars zu suchen.» Daniel Goldin, Leiter der National Aeronautics and Space Administration (NASA), gab der Presse einige zusätzliche Erläuterungen. «Ich möchte unmißverständlich klarstellen, daß wir nicht von ‹kleinen grünen Männchen› sprechen», betonte er. «Es handelt sich hier um sehr kleine einzellige Strukturen, die entfernt an Bakterien auf der Erde erinnern. Es gibt keine Beweise oder Anhaltspunkte dafür, daß jemals eine höhere Lebensform auf dem Mars existiert hat.»

In seiner Stellungnahme faßte der Präsident zusammen, was an der Entdeckung beteiligte Wissenschaftler kurz zuvor bei einer Pressekonferenz im NASA-Hauptquartier dargelegt hatten. Die Konferenz war in großer Eile einberufen worden, weil die Nachricht von Leben auf dem Mars irgendwie an die Öffentlichkeit gedrungen war. Der wissenschaftliche Kodex sieht vor, daß neue Entdeckungen nicht verbreitet werden, bevor die Ergebnisse in einer Fachzeitschrift veröffentlicht und dort von Fachkollegen besprochen worden sind. Bis zum offiziellen Datum der Veröffentlichung, das in diesem Fall der 16. August sein sollte, sind die Forscher, die den Artikel schreiben, die Wissenschaftler, die ihn rezensieren, und die Mitarbeiter der Publikation, in der er erscheinen wird, zum Schweigen verpflichtet. Diese zeitweilige Nachrichtensperre soll Spekulationen über unvollständig dokumentierte Ergebnisse verhindern und sicherstellen, daß den Pionieren der Wissenschaft die rechtmäßige Anerkennung zuteil wird.

Die maßgebliche Zeitschrift für den Marsmeteoriten wie für viele andere Entdeckungen war *Science*, eine von der American Association for the Advancement of Science herausgegebene, weitverbreitete und hochangesehene nordamerikanische Fachzeitschrift. Von *Science* verhängte Nachrichtensperren sind in der Regel sehr effektiv. Anfang August war jedoch etwas im Protokoll schiefgelaufen: Meldungen über die Entdeckung urzeitlichen Lebens auf dem Mars hatten begonnen, hohe Wellen zu schlagen. Dazu gehörte auch das (falsche) Gerücht, der vollständige Text des *Science*-Artikels sei im WorldWideWeb erschienen. Wer die Story vom Mars durchsickern ließ und warum dies geschah, blieb allerdings im Nebel der jüngeren Geschichte verborgen. Da sich die Verbreitung der Nachricht nicht mehr ungeschehen machen ließ, sah sich die NASA veranlaßt, die Initiative zu ergreifen und den Medien Zugang zu den Wissenschaftlern zu verschaffen. Diese waren gleichfalls im Begriff gewesen, ihre Entdeckungen zu veröffentlichen.

Also traten am 7. August 1996 fünf Männer und eine Frau in Begleitung von Daniel Goldin und dem NASA-Funktionär für Weltraumforschung, Wesley Huntress jr., vor die Presse und berichteten von dem Felsbrocken vom Mars und seiner Bedeutung. Zwei dieser Wissenschaftler, David McKay und Everett Gibson, sind Geologen am Johnson Space Center der NASA in Houston; Kathie Thomas-Keprta ist Expertin auf dem Gebiet der Elektronenmikroskopie und arbeitet gleichfalls am Johnson Space Center, jedoch als vertraglich ausgeliehene Mitarbeiterin der Lockheed Martin Corporation; der vierte, Hojatollah Vali, ist Geologe an der McGill-Universität in Montreal; der fünfte, Richard Zare, Chemiker an der Stanford-Universität; der sechste, J. William Schopf von der Universität von Kalifornien in Los Angeles (UCLA), ist Experte auf dem Gebiet irdischen urzeitlichen Lebens.

Schopf hatte nicht zu dem Team gehört, das den Stein vom Mars untersucht hatte. Die NASA hatte ihn in weiser Voraussicht eingeladen, um das Prinzip des organisierten Skeptizismus zu demonstrieren, nach dem die Wissenschaft nur deshalb erfolgreich sein kann, weil alle Behauptungen, insbesondere sehr extreme, äußerst mißtrauisch überprüft werden. Noch bevor die Pressekonferenz beendet war, sollte Schopf zweimal einen Satz zitieren, den er Carl Sagan zuschrieb: «Außergewöhnliche Behauptungen erfordern außergewöhnliche Beweise.»

Jeder Wissenschaftler und Journalist im Auditorium der NASA erinnerte sich an die Zeitungsente zum Thema Kaltfusion – die «größte Entdeckung seit der Zähmung des Feuers» –, die entstanden war, indem vorläufige Ergebnisse eines Experimentes übereilt in die Öffentlichkeit getragen worden waren. Im März 1989 hatten die beiden Chemiker Stanley Pons und

Martin Fleischman behauptet, die Ergebnisse nuklearer Fusion bei Raumtemperatur beobachtet zu haben. Normalerweise findet eine Kernverschmelzung im Inneren der Sonne, anderer Sterne oder in Wasserstoffbomben bei Temperaturen von mehreren Millionen Grad statt. Für ein paar Wochen wurde die Kaltfusion als Antwort auf die Gebete einer an akutem Energiemangel verhungernden Welt gepriesen, und die Skeptiker, welche die Echtheit des Phänomens bezweifelten, schienen nicht mehr zu sein als enttäuschte Möchtegern-Erfinder. Die Universität von Utah, an der Pons die Abteilung für Chemie leitete, stellte rasch eine dynamische Unternehmensberaterin namens Ira Magaziner ein, die helfen sollte, Bundeszuschüsse für Kaltfusionsforschung zu erhalten. Magaziner, die später auf höchster Ebene einen Ausschuß des Weißen Hauses zur Gesundheitsreform leiten sollte, rüttelte mit düsteren Worten den Kongreß auf: «In Japan ist jetzt Mitternacht. Tausende japanischer Wissenschaftler sind auf der Suche nach kommerziellen Anwendungen für dieses neue Wissen . . .»

Das neue Wissen erwies sich als Unwissen. Die ursprünglichen Bedingungen des Experiments waren unzureichend protokolliert und vor der Publikation nicht durch Kollegen überprüft worden. Als andere Forscher eilends versuchten, die Resultate zu reproduzieren, die Pons und Fleischman angeblich beobachtet hatten, mußte ein Team nach dem anderen negative Ergebnisse vermelden. Vor Ende des Jahres 1989 zog die wissenschaftliche Gemeinde das Resümee, daß sich das Kaltfusionsmodell nicht verifizieren lasse und die Episode lediglich zeige, wie gefährlich es sei, eine unbewiesene Hypothese voreilig an die Öffentlichkeit zu tragen. Bis heute führen einige hartnäckige Forscher ihre Untersuchungen zur Kaltfusion fort, aber die überwältigende Mehrheit der Wissenschaftler stimmt darin überein, daß die erstaunlichen ersten Ergebnisse, die in Utah erzielt wurden, aus einem falschen Versuchsaufbau und fehlerhafter Datenaufzeichnung resultierten.

Sieben Jahre später, am 7. August 1996, waren sich alle der Möglichkeit bewußt, daß die Nachricht von eventuellem urzeitlichem Leben auf dem Mars zu einer weiteren Kaltfusion-Episode führen könnte, woraufhin eine Gruppe von Wissenschaftlern blamiert inmitten einer verunsicherten Öffentlichkeit stehen würde. Das Forscherteam erinnerte sich nicht nur an die Geschichte der Kaltfusion, sondern war sich auch bewußt, daß drei Jahrzehnte zuvor Wissenschaftler berichtet hatten, in einem bei Orgueil in Frankreich gefundenen Meteoriten seien Strukturen – einschließlich Pollenkörnern – nachgewiesen worden, die auf außerirdisches Leben schließen ließen. Während diese sensationelle Meldung wie ein Lauffeuer um die Welt gerast war, hatten Edward Anders von der Universität Chicago und einige skeptische Kollegen den Orgueil-Meteoriten eingehend untersucht und nachgewiesen, daß es sich bei den Strukturen, die angeblich von außerirdischem Leben kündeten, um irdische Lebensformen handelte, die irgendwie in den Meteoriten gelangt waren.

Im vollen Bewußtsein der Geschichte des Orgueil-Meteoriten hatten die Wissenschaftler, die den Felsbrocken vom Mars untersuchten, sorgfältig die Möglichkeit erwogen, daß er kontaminiert worden sein könnte – entweder während er jahrelang im antarktischen Eis ruhte oder während er aufgefunden, aufbewahrt und analysiert worden war. Eine solche Art der Verunreinigung konnte zwar nicht vollkommen ausgeschlossen werden, doch die Wissenschaftler hatten größte Anstrengungen unternommen, um eine Verschmutzung ihrer Proben zu verhindern. Außerdem hatten sie Vergleichstests durchgeführt und gezeigt, daß leere Proben, die denselben Verfahren unterzogen wurden, nicht zu den gleichen Ergebnissen führten wie die Behandlung des Marsmeteoriten. Falls das zutraf, hatte der Meteorit den Kaltfusion-Test bestanden, und die im Marsgestein gefundenen Strukturen stammten tatsächlich vom Mars. Es blieb die Frage der Interpretation.

Die Pressekonferenz löste daher eine komplizierte und facettenreiche Diskussion um die Bedeutung aus, die dem Fund für den Beginn des Lebens auf der Erde und im gesamten Universum zukommt. Die Debatte dauert seit Monaten an und wird sich noch über Jahre fortsetzen. Die Wissenschaftler, die daran teilnehmen, sind sich allesamt einig, daß der Felsbrocken vom Mars Aufschlüsse über längst vergangene Epochen unseres Nachbarplaneten geben kann. Über die Bedeutung dieser Anhaltspunkte sind sie dezidiert unterschiedlicher Meinung – eine Tatsache, die dem Unterhaltungswert dieses Buches zugute kommen wird.

Unabhängig vom Ausgang der Diskussion hat die Ankündigung vom 7. August 1996 bereits jetzt den Stil verändert, in dem sowohl die wissenschaftliche Gemeinde als auch die Öffentlichkeit fundamentale Fragen angehen, die durch die Suche nach außerirdischem Leben aufgeworfen werden: Woher kommen wir? Wie universell ist die Geschichte des irdischen Lebens? Sind wir allein im All? Oder existiert im Kosmos weiteres Leben – unserem ähnliches ebenso wie ganz andere Lebensformen? Und schließlich: Was können wir tun, um Antworten auf diese Fragen zu finden?

Ob wir nun am Ende entdecken, daß Leben auf dem Mars existiert hat, noch existiert oder niemals existierte – die Tatsache, daß sich vielleicht bereits Proben urzeitlichen Marslebens in unseren Laboratorien befinden, hat verkrustete Denkmuster aufgebrochen. «Das ist der erste Beweis dafür, daß ein der Erde ähnlicher Planet über Leben auslösende chemische Bedingungen verfügte», sagt Tobias Owen, Experte für planetarische Wissenschaft an der Universität Hawaii. «Diese Beweise wurden in dem ersten Felsbrocken gefunden, der aus der Zeit stammt, als auf dem Mars Leben begünstigende Bedingungen bestanden, was die Folgerung nahelegt, daß es vor langer Zeit auf dem Mars präbiologische Aktivitäten – wenn nicht sogar Leben – gab. Damit wird gleichfalls wahrscheinlich, daß auf mars- und erdähnlichen Planeten im gesamten Universum solche Aktivitäten stattgefunden haben. Vor dem August 1996 befanden sich diejenigen von uns, die Möglichkeiten extraterrestrischen Lebens studierten, in einer Domäne nahe der Religion: Wir glaubten, daß es existieren müsse, hatten aber keinen realen Beweis. Jetzt haben wir den Beweis.»

Der Meteorit vom Mars ist mehr als dreimal so alt wie alle zuvor gefundenen Marsgesteine. Damit ist er der einzige vom Mars stammende Felsbrocken aus einer wirklich urzeitlichen Ära, und seine Bedeutung reicht weit über die Implikationen für die Existenz von außerirdischem Leben hinaus. «Der Stein zeigt, daß auf dem Mars wichtige Zeugnisse vorhanden sind, die auf der Erde völlig fehlen», sagt Owen. «Das sind Zeugnisse aus einer Zeit, als das Leben hier auf der Erde begann. Ihr Alter liegt zwischen 3,8 Milliarden Jahren (so alt sind die ältesten Erdgesteine) und 4,5 Milliarden Jahren - zu jener Zeit entstanden die Sonne und ihre Planeten. Diese Tatsache verstärkt die Notwendigkeit, zum Mars zurückzukehren und diese urzeitlichen Zeugnisse auf dem Planeten selbst zu untersuchen.»

Warum existieren auf dem Mars geologische Formationen aus seinen frühesten Jahren und auf der Erde nicht? Weil durch plattentektonische Bewegungen – die langsame Verschiebung von Teilen der Erdkruste gegen- und übereinander – sämtliche Gesteine, die älter als 3,8 Milliarden Jahre sind, auf der Erde verschüttet wurden. «Das waren die ‹Wunderbrotjahre›, die Zeit, als das Leben auf der Erde begann und wuchs», sagt Christopher McKay, Mars-Experte vom NASA/Ames-Forschungszentrum in Kalifornien. McKay, der nicht mit dem Leiter des Teams verwandt ist, das den Meteoriten untersuchte, bemerkt: «Auf dem Mars gibt es Belege für seine ‹Wunderbrotjahre›, weil dort weniger plattentektonische Aktivität herrscht als auf der Erde.» Von wesentlich geringerer Größe als die Erde, fehlen dem Mars die internen Hitzequellen, die auf unserem Planeten annähernd zum Schmelzen der Schichten unterhalb der Erdkruste führen. Diese Schichten wandern langsam und kontinuierlich über den Mantel der Erde und ziehen Teile der Erdoberfläche mit.

Wir wissen, daß auf dem Mars während lange vergangener Zeiten – vor drei oder vier Milliarden Jahren – für die Entstehung von Leben wesentlich günstigere Bedingungen herrschten, als dies heute der Fall ist. In jenen vergangenen Epochen gab es dort anscheinend Flüsse und Seen, fließende und stehende Gewässer, Regen und Verdunstung, deren Spuren noch immer auf der vermeintlich leblosen Oberfläche eingraviert sind. Heute gibt es auf dem Mars kein Wasser in flüssiger Form; Eis, das auf der Oberfläche schmilzt, wird sofort zu Wasserdampf. «Die Viking-Sonden kamen ein paar Milliarden Jahre zu spät», bemerkt Christopher McKay und meint damit die beiden NASA-Raumfahrzeuge, die 1976 den Mars erreichten. «Auf ihrer Suche nach Leben haben sie die Oberfläche buchstäblich nur angekratzt.»

Beide Viking-Sonden landeten auf dem Mars und nahmen kleine Bodenproben, die auf Hinweise auf Lebensformen untersucht wurden. Trotz anfänglicher Aufregung über einige vermeintlich positive Signale kamen die Viking-Biologen zu dem Schluß, daß die Oberfläche des Mars heute bar jeden Lebens sei. Christopher McKay ist zuversichtlich, daß eine genauere Untersuchung des Mars deutliche Anzeichen für urzeitliches und vielleicht sogar aktuelles, unter der Oberfläche verborgenes Leben erbringen wird. «Die besten Kandidaten [bei einer Erkundung des Mars nach möglichem Leben] sind urzeitliche Seebetten», sagt er. «Denken Sie an die Bonneville-Salzebenen in Utah, wo sich früher auch ein See befand. Man fährt um den ehemaligen See herum und anschließend in das Bett des Flusses, der ihn einst speiste, hinein. Dort bohrt man, um nach Leben zu suchen.» Im sechsten Kapitel dieses Buches wird beschrieben, wie und warum die einst Leben begünstigenden Bedingungen auf dem Mars in lebensfeindliche umschlugen. Dort finden Sie auch die Erläuterung eines Experiments, mit dem nach mikroskopischen

Formen extraterrestrischen Lebens geforscht werden kann. («Wir werden es wissen, wenn wir es sehen», sagt Chris McKay.) Die Möglichkeit, außerirdisches Leben zu finden, bildet den Kern der Diskussion um die Indizien, die in dem Meteoriten vom Mars entdeckt wurden.

Was fanden die Wissenschaftler im Marsgestein?

Die Ergebnisse, die während der Pressekonferenz vom 7. August angekündigt und in *Science* am 16. August veröffentlicht wurden, lassen sich unter vier Überschriften auflisten. Jeder dieser Punkte bietet den Lesern dieses Buches und Wissenschaftlern, die diese Entdeckungen während der verbleibenden Jahre des Jahrtausends vertiefen wollen, Gelegenheit zu erschöpfender Diskussion. Die vier Schlüsselelemente sind:

- Der Felsbrocken enthält Karbonatkügelchen, winzige Mineralablagerungen aus Kohlenstoff- und Sauerstoffatomen in Verbindung mit anderen Atomen wie Kalzium, Eisen oder Magnesium. Etwa ein Prozent der Gesteinsmasse besteht aus diesen Kügelchen, die jeweils nicht größer sind als der Durchmesser eines Haares. Auf der Erde legen Meereslebewesen Karbonatspeicher an (das ist gut für uns, weil durch diesen Prozeß verhindert wird, daß zuviel Kohlendioxid in unsere Atmosphäre gelangt und sich unser Planet dadurch übermäßig erwärmt), aber Karbonate können auch ohne Einwirkung von Leben entstehen. Einige zentrale Fragen in der Diskussion um den Marsmeteoriten lauten: Wann und wie entstanden diese Karbonatkügelchen, und welche Aufschlüsse gibt ihr Entstehen über die Verhältnisse auf dem Mars? Schließlich die spezielle Frage: Entstanden diese Karbonate wie die meisten irdischen Karbonate in flüssigem Wasser?

- Mit modernen Techniken wurde in den vom Mars stammenden Karbonatkügelchen ein Molekültypus nachgewiesen, PAHs (polyzyklische aromatische Hydrokarbonate) genannt, der häufig von verwesenden Organismen produziert wird. Die PAHs waren innerhalb der Kügelchen ungleichmäßig verteilt; daraus folgt, daß kleine Organismen für die Ansammlungen verantwortlich gewesen sein könnten.
- Weiterhin fanden die Wissenschaftler in den Karbonatkügelchen Kristalle von zwei verschiedenen magnetischen Mineralien: Eisenoxid und Eisensulfid. Das sind, allgemein ausgedrückt, kleine Magneten. Auf der Erde produzieren einige Bakterien ähnliche Mineralien und benutzen sie als «Oben-unten»-Sensorium sowie dazu, in Regionen zu gelangen, die für ihren Stoffwechsel günstig sind. Die Produktion von Eisenoxiden und Eisensulfiden erfordert eine saurere Umgebung, als zur Bildung von Karbonaten erforderlich ist. Ihre Präsenz innerhalb der Karbonate legt daher nahe, daß die magnetischen Mineralien von lebenden Organismen produziert wurden, die – wie bei Bakterien auf der Erde häufig – zwei unterschiedliche Situationen in enger Nachbarschaft aufrechterhielten.
- Schließlich fand man mit Hilfe starker Elektronenmikroskope heraus, daß die Ränder der Karbonatkügelchen winzige eiförmige Strukturen – «Ovoiden» – enthalten, deren Umrisse an die kleinsten einzelligen Bakterien auf der Erde erinnern. Gemessen werden diese winzigen Bakterien in Mikrometern, also Tausendstelmillimetern. Sie sind kaum größer als 0,001 Millimeter. Erst Konzentrationen von Dutzenden dieser «Mikrobakterien», jeweils von der Größe eines Mikrometers, würden den Durchmesser eines menschlichen Haars erreichen. Dennoch sind diese Mikrobakterien fünf- bis hundertmal größer als die eiförmigen Körper in dem Marsmeteoriten.

Keiner der Wissenschaftler, die an der Erforschung beteiligt und auf der Pressekonferenz anwesend waren, glaubte auch nur einen Moment lang, daß die vier Anhaltspunkte zweifelsfrei die Existenz von urzeitlichem Leben in dem untersuchten Marsmeteoriten belegten. Sie wußten sehr wohl – und sollten während der folgenden Monate wiederholt und lautstark daran erinnert werden –, daß PAHs in anderen Meteoriten und möglicherweise sogar im interstellaren Raum gefunden wurden, ohne daß deshalb behauptet wurde, dort existiere Leben; daß Karbonateinschlüsse ohne Mitwirkung von Leben erfolgen können; daß Magnetit und Eisensulfid in einer anderen Umgebung als den Karbonaten entstanden sein konnten, bevor sie darin abgelagert wurden, und daß die Ovoiden in Wahrheit kristalline Strukturen sein konnten, die ohne Zutun von Leben entstanden waren. «Keine [unserer] Beobachtungen ist für sich allein ein stichhaltiger Beweis für die Existenz von einstigem Leben», schrieben die Forscher in ihrem *Science*-Artikel.

Dennoch schlossen David McKay, Everett Gibson und ihre Kollegen bei der NASA und anderswo den Artikel mit einer unerwartet kühnen Folgerung ab: «Obwohl sich jedes dieser Phänomene für sich auch anders erklären ließe, schließen wir aus ihrer Gesamtheit, insbesondere angesichts der engen räumlichen Konzentration, daß damit der Beweis für primitives Leben auf dem urzeitlichen Mars erbracht ist.» Selbstverständlich sind es Anhaltspunkte, antworteten andere Wissenschaftler sofort, aber mit welcher Sicherheit läßt sich daraus ein Beweis ableiten? Die Bühne für ein langes Drama war bereitet: für den Prozeß um den Meteoriten vom Mars.

Die Beweislast der Wissenschaftler – eine Gerichtsverhandlung

Ziehen wir als Analogie eine Gerichtsverhandlung heran, dann wird sofort deutlich, daß hier die Wissenschaftler nicht nur als Sachverständige im Zeugenstand aussagen, sondern auch als Anwälte fungieren müssen. Sie haben für und gegen die Anhaltspunkte zu argumentieren, die für und gegen Leben auf dem urzeitlichen Mars sprechen. Neben den beteiligten Wissenschaftlern übernehmen wir gewöhnlichen Bürger die Rolle der Geschworenen. Wer übernimmt die Rolle des Richters, dessen Funktion in amerikanischen Gerichtssälen hauptsächlich darin besteht, bestimmte Beweisstücke als zulässig oder unzulässig zu klassifizieren? Im richtigen Leben bleibt diese Position unbesetzt; hier aber werde ich sie einnehmen – nicht in der ausschließlichen Form eines Richters, aber stets bereit, einen Kommentar zu den wissenschaftlichen Beweisvorträgen abzugeben. Nachdem also die Rollen verteilt sind, fehlen nur noch die Regeln. Unter diesen ist eine von entscheidender Wichtigkeit: Welches Niveau müssen im Gerichtssaal der Wissenschaft Beweise erreichen, um einen Urteilsspruch herbeiführen zu können?

In einem Fall wie diesem, der in einer fremden Gerichtsbarkeit verhandelt wird, würde jeder Anwalt, der diese Bezeichnung verdient, sofort verlangen zu erfahren, wie sorgfältig die Anklagevertretung darlegen muß, daß die Beweise keine andere Erklärung als «Leben» erlauben. Muß dies in einer Form geschehen, die «über jeden berechtigten Zweifel erhaben» ist – der in Kriminalfällen erforderliche Standard? Oder muß die Anklage ihren Fall nur durch «erdrückende Beweise» belegen – der erforderliche Standard in einer zivilrechtlichen Auseinandersetzung zwischen Individuen? Vielleicht sollten wir einen dritten, mittleren Standard einführen, zum Beispiel «zwingende Anhaltspunkte», was immer das im Einzelfall sein mag. Falls wir den Standard «über jeden berechtigten Zweifel erhaben» ansetzen, werfen wir dadurch zusätzliche verwandte Fragen auf. Muß die Anklage jede alternative Erklärung widerlegen oder nur solche, die von der Verteidigung vorgebracht werden? Und muß jede Alternative, egal wie unwahrscheinlich sie sein mag, selbst jenseits jeden berechtigten Zweifels widerlegt werden?

Da wir keine Wissenschaftsgerichte haben, gibt es auf diese Fragen keine allgemeinen Antworten. Dennoch stellen sie sich Wissenschaftlern täglich, wenn Theorien, die von anderen Wissenschaftlern beobachtete Phänomene erklären sollen, «überführt oder freigesprochen» werden müssen. Bei der Entscheidung, ob urzeitliches Leben auf dem Mars existierte, müssen Sie, die Geschworenen, die von den Anwälten vorgelegten Beweismittel und die Argumente abwägen, die für oder gegen eine bestimmte Schlußfolgerung sprechen. Das mag wie eine entmutigende Aufgabe aussehen. Dennoch dürfte es sich für jene, die schon einmal in einem großen Kriminalfall die Beweisaufnahme und die anschließende Diskussion verfolgt haben, als relativ einfach erweisen, für oder gegen «Leben auf dem Mars» sprechende Anhaltspunkte zu beurteilen. Und mit Sicherheit ist der emotionale Gewinn, den Sie aus dieser Vorgehensweise ziehen können, ungleich größer.

Stellen wir uns zwei gute Anwaltsteams vor, die für und gegen «Leben auf dem Mars» argumentieren. Dabei gehen wir davon aus, daß es sich um vernünftige Anwälte handelt (schließlich sind sie in Wahrheit Wissenschaftler). Nun soll eine Liste von Behauptungen erstellt werden, die zu erhärten sind, damit die Existenz von Leben als bewiesen gilt. Dabei ist es äußerst wichtig zu zeigen, daß alle Beweisstücke den korrekten Verfahren unterzogen wurden, soweit ihre Entdeckung, die anschließenden Untersuchungsreihen, die spätere Analyse und (am schwierigsten von allem) ihre richtige Interpretation betroffen sind. Um zu beweisen, daß Leben auf dem Mars einst existierte, dürfen wir demnach die folgenden Schritte als notwendig erachten:

1. Es gilt zu erhärten, daß ein auf der Erde gefundener Felsbrocken tatsächlich vom Planeten Mars stammt;
2. zu demonstrieren, daß das Material in diesem Gestein, während es Tausende von Jahren auf seine Entdeckung wartete und anschließend eingesammelt wurde, sowie zu gleich welchem späteren Zeitpunkt nicht mit irdischen Lebensformen kontaminiert wurde;
3. durch ausführliche Untersuchungen des Materials nachzuweisen, daß es für Leben charakteristische chemische Komponenten und Strukturen enthält;
4. die Möglichkeit auszuschließen, daß diese chemischen und strukturellen Indizien auf andere Weise entstanden sind als durch von Lebewesen ausgelöste Prozesse.

Punkt 4 entspricht dem bekannten Ausspruch von Sherlock Holmes, dem großen, wenn auch frei erfundenen Detektiv aus der Feder von Arthur Conan Doyle. Holmes, der seinem Begleiter Dr. Watson unerbittlich die Leviten las, hatte bei vier früheren Gelegenheiten sein oberstes Ermittlungsprinzip erklärt, bevor er Watson in *Das Zeichen der Vier* fragte: «Wie oft habe ich Ihnen gesagt, daß, nachdem Sie das Unmögliche eliminiert haben, was auch immer übrigbleibt, so unwahrscheinlich es aussehen mag, die Wahrheit sein muß?»

Dieses Prinzip erweist sich bei der Suche nach Autoschlüsseln, die irgendwo im Umkreis des Hauses verlorengingen, als nützlich. Aber in der wissenschaftlichen Praxis hat es den Nachteil, daß keine Einigkeit darüber herrscht, was als alternative Erklärung gilt oder wann diese Erklärung vollständig widerlegt ist. Dennoch ist jeder Wissenschaftler auf dieses Prinzip angewiesen, um den Wert von Ergebnissen zu bestimmen, die in langer, harter Arbeit erzielt wurden. «Wissenschaftler sind sehr gut darin, etwas zu widerlegen», sagt Richard Zare, der zuletzt (wie es den Z eben so ergeht) genannte Autor des *Science*-Artikels. «Weniger gut sind wir darin, etwas zu beweisen.» Daher die Notwendigkeit, Holmes' Ausspruch zu befolgen: Identifiziere alles zu Widerlegende, widerlege es, und deine These gilt als bewiesen.

Im Fall «Leben auf dem Mars» erweisen sich die Aufgaben auf der Vier-Punkte-Liste für die Anklagevertretung als Probleme von ansteigendem Schwierigkeitsgrad. Setzen wir voraus, daß Anwalt A als Verteidiger auftritt (kein Leben auf dem Mars) und Anwalt Z für die Anklage (Leben auf dem Mars existiert) argumentiert. Wir werden sehen, daß A bereitwillig Punkt 1 – der Felsbrocken stammt vom Mars – zustimmen wird, Punkt 2, daß keine Kontamination stattfand, möglicherweise einräumen wird; Punkt 3, daß das Gestein Anhaltspunkte für Leben auf dem Mars enthält, heftig bestreiten wird; aber Punkt 4, daß Alternativen zum «Leben» ausgeschlossen sind, keinesfalls zugestehen wird. Anwalt A könnte argumentieren, daß einigen Punkten auf der Liste mehr Beweislast auferlegt werden sollte als anderen. Falls beispielsweise die Möglichkeit einer Kontamination nicht jenseits jeden berechtigten Zweifels ausgeräumt werden kann, dürfte es wenig Sinn machen, die Verhandlung fortzusetzen.

Anwalt Z wird gleichermaßen freudig zugestehen, daß Punkt 4 die entscheidende Frage des Falles enthält und daß er, um erfolgreich zu sein, alle anderen Möglichkeiten außer «Leben» ausräumen muß. Aber müssen diese Möglichkeiten jenseits jeden berechtigten Zweifels widerlegt werden, worauf Anwalt A wahrscheinlich besteht, oder nur durch erdrückende Beweise? Falls er durch erdrückende Beweise zeigen kann, daß eine Erklärung, die auf Leben beruht, wahrscheinlicher als alle Alternativen ist, wäre das ein sensationelles Ergebnis – auch wenn die Beweise nicht den Standard «über jeden berechtigten Zweifel erhaben» erreichen sollten.

Soweit das dornige Problem der Beweislast, das jeder für sich bewerten und lösen muß. Betrachten wir nun die Punkte, auf die sich die Anwälte vernünftigerweise einigen können:

1. Ein Meteorit, der 1984 in der Antarktis gefunden und unter dem Namen ALH 84001 katalogisiert wurde, stellte sich 1993 als vom Mars stammend heraus. Daraus folgt, daß der Felsbrocken durch irgendeinen Einfluß vom Mars weggeschleudert wurde und schließlich, nachdem er jahrelang durch den interplanetaren Raum geflogen war, mit der Erde kollidierte.
2. Beim Einsammeln des Meteoriten wurde sorgfältig darauf geachtet, seine Oberfläche nicht zu kontaminieren. Während der annähernd 13 000 Jahre im Eis erlitt das Innere des Gesteins anscheinend keine Kontamination. Das Gesamtalter des Felsbrockens, einschließlich seiner Zeit auf dem Mars und im interplanetaren Raum, beläuft sich auf 4,5 Milliarden Jahre.
3. Die genaue Untersuchung des Meteoriten-Inneren enthüllte Karbonatkügelchen. Der Zeitpunkt, zu dem sich diese Komponenten bildeten, kann zwar nicht präzise bestimmt werden, jedoch deuten einige Anhaltspunkte auf ein Alter von 3,5 Milliarden Jahren, andere auf 1,4 Milliarden Jahre. In diesen Karbonatkügelchen haben die Wissenschaftler andere Mineralien und Komponenten gefunden, die von Lebewesen erzeugt werden. Am überraschendsten war der Fund winziger Ovoiden, die möglicherweise Fossilien von längst ausgestorbenen Kreaturen sind. Strittig ist, ob etwas von derart geringer Größe überhaupt jemals gelebt haben kann. Die Beweislast liegt bei denen, die behaupten, daß die Ovoiden Fossilien seien. Sie haben die sachliche Richtigkeit ihrer Behauptung aufzuzeigen.
4. Die Karbonatkügelchen in dem Meteoriten enthalten sogenannte PAH-Moleküle sowie zwei verschiedene Mineralien: Eisenoxid und Eisensulfid. Alle diese Komponenten lassen sich ohne die Präsenz von Leben erklären, doch die Tatsache ihres gemeinsamen Vorkommens auf engstem Raum findet keine derart einfache Erklärung. Die Debatte darüber, ob die

alternativen Erklärungen widerlegt werden können, konzentriert sich daher auf die Frage: Wie hoch ist die Wahrscheinlichkeit, daß nichtbiologische Prozesse sämtliche in den Kügelchen gefundenen Komponenten hervorgebracht haben?

Die Faszination des Mars für den Menschen

Hätten die NASA und Präsident Clinton angekündigt, ein Felsbrocken von einem Asteroiden enthalte höchst interessante Indizien für urzeitliches Leben, die allerdings nur unter den stärksten Elektronenmikroskopen sichtbar würden, hätten die meisten von uns wahrscheinlich geantwortet, sie sollten sich wieder melden, wenn sie etwas Handfestes zu bieten hätten. Aber der Mars bildet eine Ausnahme. Zusammen mit dem Halleyschen Kometen, den Ringen des Saturn und dem Mann im Mond ist der «rote Planet» im öffentlichen Bewußtsein als etwas Besonderes verankert. In vielen Kulturen hat der Mars sowohl Angst als auch Ehrfurcht ausgelöst.

Seit Menschen in den Nachthimmel emporblicken, haben sie Mythen über das nächtliche Firmament kreiert, jenes Gewölbe, das sich anscheinend um die Erde dreht und Myriaden von Lichtpunkten mit sich zieht. Unter der Vielzahl von Fixsternen, die während der scheinbaren Himmelsdrehung in gleicher Position zueinander blieben, bemerkten Beobachter sehr früh fünf helle Objekte, die sich zwischen den Sternkonstellationen bewegten. Diese Planeten – griechisch für «Wanderer» – änderten ständig ihre Position im Verhältnis zu den Sternen und bewegten sich langsam durch die Konstellationen der Tierkreiszeichen. Diese Bewegungen sind zwar zu langsam, um in einer einzelnen Nacht gesehen zu werden, jedoch könnte ein scharfäugiger Beobachter binnen zwei Nächten verfolgen, daß Planeten wie Mars und Venus ihre Position geringfügig verändern. Wir wissen mittlerweile, daß diese Veränderungen aufgrund der orbitalen Bewegungen der Planeten um die Sonne herum eintreten. Von den fünf mit bloßem Auge erkennbaren Planeten kommt Venus der Erde am nächsten und leuchtet am hellsten. Da dieser Planet jedoch der Sonne ständig relativ nah ist, sehen wir ihn nie bei voller nächtlicher Dunkelheit.

Der blutrote Mars, der manchmal fast so hell wie die Venus leuchtet, folgt keiner derartigen Regel. Er beschreibt im Verlauf seines regelmäßigen Auftauchens über dem Horizont einen vollständigen Zyklus. Manchmal geht der Mars zusammen mit der Sonne auf und unter, aber ungefähr ein Jahr später geht er bei Sonnenuntergang auf, zieht während der Nacht seine Bahn über den Himmel und geht bei Sonnenaufgang unter. Wenn der Mars seine größte Helligkeit erreicht und beinahe die gesamte Nacht am Himmel steht, scheint seine Wanderung vor dem sternenübersäten Hintergrund für ein paar Tage anzuhalten. Dann kehrt der Mars seine Richtung im Verhältnis zu den Sternen um, während die Erde, die sich in ihrem Orbit schneller bewegt, den roten Planeten überholt. Scheinbar bewegt sich der Mars dann vor dem Sternenhintergrund rückwärts wie ein Telefonmast, der aus einem schnell fahrenden Auto vor einer entfernten Landschaft betrachtet wird. Nach ein paar Monaten dieser Rückwärtsbewegung ändert der Mars seine Richtung erneut und schlägt den gewohnten Weg durch die Konstellationen ein. Jupiter und Saturn lassen sich auf ähnliche Weise beobachten, jedoch ist ihr Richtungswechsel weniger ausgeprägt. Außerdem variiert die Helligkeit dieser beiden Planeten deutlich weniger als die des Mars, da die Entfernungen zwischen Erde und Mars viel stärker schwanken.

Fasziniert von der roten Farbe des Mars, von seinen seltsamen Bahnen und der wechselnden Helligkeit, haben frühe Kulturen im heutigen Mittleren Osten den Planeten mit dem Kriegsgott assoziiert. Mars repräsentierte den babylonischen Kriegsgott Nergal und den griechischen Gott Ares. Die Römer, die griechisches Gedankengut noch sklavischer übernahmen als die Griechen Ideen der Babylonier, änderten den Namen Ares geringfügig in «Mars» ab. Diese Bezeichnung ist bei uns bis in die heutige Zeit erhalten geblieben. Mehr als ein Jahrtausend nach dem Fall des Römischen Reichs zeichnete Johannes Kepler die Umlaufbahn des Mars auf. Bei seinem erfolgreichen Versuch, eine Gesetzmäßigkeit in den Bewegungen dieses Planeten zu entdecken, fand Kepler heraus, daß der Mars die Sonne in einer elliptischen Bahn umrundet. Bis dahin war man von einem kreisförmigen Orbit ausgegangen. In *Gullivers Reisen*, geschrieben im frühen 18. Jahrhundert von Jonathan Swift, erfand der Autor zwei Monde für den Mars; ein Jahrhundert später entdeckten Astronomen, daß der Mars tatsächlich zwei kleine Monde besitzt: Phobos und Deimos. Dabei handelt es sich um eingefangene Asteroiden, die den Planeten nur wenige Kilometer voneinander entfernt umkreisen.

Gegen Ende des 19. Jahrhunderts baute Percival Lowell, ein hochrangiger Intellektueller aus Boston, ein Observatorium bei Flagstaff, Arizona, mit dem einzigen Zweck, den Mars zu studieren. Motiviert durch Giovanni Schiaparellis Berichte aus Italien über *canali* – Linien oder Kanäle – auf dem Mars, begann Lowell etliche Mars-«Kanäle» zu kartographieren. Von 1895 an publizierte er seine Erkenntnisse in populären, gut geschriebenen und gut verkäuflichen Büchern. Der Mars habe sehr intelligente Bewohner, behauptete Lowell, die sich auf dem trockenen Planeten etabliert hätten, indem sie Schmelzwasser von den Polarkappen durch Kanäle in äquatoriale Regionen leiteten. Ein halbes Jahrhundert lang erschienen Lowells Beobachtungen plausibel, zumindest für diejenigen, denen die Neigung des menschlichen Auges und Gehirns, Linien zwischen dunklen Flecken auf einem hellen Hintergrund zu visualisieren, nicht bekannt war. Einer der ersten großen Science-fiction-Romane, H.G. Wells' *Krieg der Welten* von 1898, basierte auf Lowells Vorstellung von einer technologisch überlegenen Zivilisation der Marsbewohner. In dem Roman beginnen die Außerirdischen eine Invasion der Erde, um deren Ressourcen zu plündern, unterliegen jedoch schließlich irdischen Keimen. Vierzig Jahre später, am Halloween-Abend des Jahres 1938, sendete der Rundfunk eine Hörspielfassung von Wells' Roman aus Orson Welles' Mercury Theatre und löste damit eine Massenpanik unter den Bewohnern der amerikanischen Ostküste aus. Millionen Amerikaner mußten damals erkennen, was später in Hunderten von Science-fiction-Filmen ausgeschlachtet werden sollte: Vor einer Horde außerirdischer Eindringlinge bliebe der Menschheit keine Fluchtmöglichkeit.

Dreißig Jahre nach der «Nacht der Panik», in den späten sechziger und frühen siebziger Jahren, sandte die NASA vier Mariner-Raumschiffe zum Mars, die Fotografien an die Erde übermittelten. Ein Blick auf diese Bilder genügte, um den Gedanken an eine intelligente Zivilisation auf dem Mars für immer zu verwerfen. Lowells Kanäle existierten nicht; es gab auch kein flüssiges Wasser auf dem Mars; die Möglichkeit, daß auf der Oberfläche des Planeten leicht zu entdeckendes Leben sein könnte, rückte in weite Ferne. Statt dessen, insbesondere nach den Viking-Missionen von 1976, offenbarte sich ein kalter, trockener Mars, lebensfeindlich und nicht nur ohne derzeitiges Leben, sondern auch ohne das geringste Anzeichen früheren Lebens.

Der Marsmeteorit ALH 84001 erschütterte diese Ansicht innerhalb eines Tages grundlegend. Ohne zu belegen, daß auf dem Mars Leben herrscht oder jemals herrschte, bietet uns das 4,5 Milliarden Jahre alte Gestein von unserem äußeren Nachbarn im Sonnensystem erstmals etwas bis dahin schmerzlich Vermißtes – eine Probe von einem anderen Planeten, die Leben begünstigende Bedingungen aufweist. Tobias Owen vergleicht die Nachricht vom Marsmeteoriten mit den ersten Bildern, die vom All aus die gesamte Erde zeigten. «Die Botschaft wird nur langsam einsinken», sagt er. «Aber sie wird unsere Einstellung zum Leben im Universum nachhaltig verändern.» Wenn wir die

Meldung auf uns einwirken lassen möchten, dann sollten wir damit beginnen, die Geschichte des Felsbrockens zu verstehen, der weltweit für Schlagzeilen sorgte.

2 Die Geschichte eines Steins

Alle Beweise für urzeitliches Leben auf dem Mars, die 1996 angekündigt wurden, befinden sich in einem knapp zwei Kilogramm schweren Stein, der 4,5 Milliarden Jahre nach seiner Entstehung und 13 000 Jahre, nachdem er auf die Erde gestürzt war, in den antarktischen Allan Hills entdeckt wurde. Diesen Gesteinsbrocken vom Mars zu finden – und einige tausend andere Meteoriten dazu – kostete weniger als eine Million Dollar, die vom Antarktis-Meteoriten-Suchprogramm der National Science Foundation zur Verfügung gestellt wurden. Dieser Betrag, ungefähr ein Tausendstel der Kosten eines Weltraumflugs zum Mars, erinnert uns daran, daß wir zwar einige der wunderbaren, gut geplanten und umfangreichen Projekte verwirklichen können und sollten, die uns großen wissenschaftlichen Gewinn versprechen, aber auch die Funde nicht geringschätzen dürfen, über die wir zufällig stolpern. «Am schwierigsten ist es, etwas zu entdecken, wonach man nicht sucht», erklärt der Kosmologe Rocky Kolb die allgemeine Regel.

Da ein Team von Spezialisten den Marsmeteoriten im Rahmen einer sorgfältigen, langen Suche nach Meteoriten in der Antarktis fand, können wir schwerlich behaupten, er sei zufällig gefunden worden. Zufall war es allerdings, daß sich dieser spezielle Meteorit als vom Mars stammend und überdies als das bei weitem älteste des runden Dutzends auf der Erde gefundener Marsgesteine erwies. Dieser älteste planetarische Gesteinsfund trägt die wissenschaftliche Bezeichnung ALH 84001, was bedeutet, daß er der erste auf der Liste der 1984 in den antarktischen Allan Hills gefundenen Meteoriten war. Die fleißigen Bemühungen der Wissenschaftler, gepaart mit einem sensationellen Zufallsfund und der Möglichkeit, davon zu profitieren, haben jetzt einigen grundlegenden Fakten über unseren ältesten Stein vom Mars Geltung verschafft. Nach der Parteienübereinkunft unserer imaginären wissenschaftlichen und rationalen Anwälte können wir die Geschichte des Steins erzählen, ohne Einspruch von einer der beiden Seiten befürchten zu müssen.

ALH 84001: 4,5 Milliarden Jahre Geschichte

ALH 84001 entstand vor ungefähr viereinhalb Milliarden Jahren auf dem Mars in einer vulkanischen Masse, die allmählich erkaltete und erstarrte. Der größte Teil dieses Vulkangesteins besteht aus Orthopyroxen, einem Silikatgestein, das sich hauptsächlich aus Silizium und Sauerstoff in Verbindung mit etwas Eisen und Magnesium zusammensetzt. Ungefähr eine halbe Milliarde Jahre, nachdem der Stein erstarrt war – also vor etwa vier Milliarden Jahren –, kollidierte gegen Ende der Ära intensiver Bombardierung ein Objekt mit dem Mars, prallte auf dieses Material und brachte einen Teil davon erneut zum Schmelzen. Vier Milliarden Jahre später, vor nur etwa 15 Millionen Jahren, sprengte ein weiterer Zusammenprall den Stein vom Mars ab. Nachdem er beinahe diese gesamten 15 Millionen Jahre um die Sonne gekreist war, stürzte der Stein vor etwa 13 000 Jahren zur Erde. Gemessen am Alter des Sonnensystems war das sozusagen gestern, denn 13 000 Jahre sind weniger als ein Tausendstel der Zeit, die der Stein im Weltraum verbrachte, und weniger als ein Dreihunderttausendstel der Zeitspanne, die vergangen ist, seit der Felsbrocken auf dem Mars durch Lavaerstarrung erstmals entstand.

Wie können Wissenschaftler diese Zeitabstände bestimmen und verschiedene Phasen der Reise von ALH 84001 durch Raum und Zeit nachvollziehen? Möglicherweise sind nicht alle oben angeführten Daten absolut korrekt, aber die Anhaltspunkte, die jeden genannten Punkt stützen, überzeugen die Experten, die sich seit langem mit den merkwürdigen Karrieren von Meteoriten befassen. Sowohl der Zeitraum, den der Meteorit in einer Umlaufbahn um die Sonne verbrachte, als auch die Zeitspanne, die seit seinem Aufprall auf die Erde vergangen ist, lassen sich durch die Tatsache bestimmen, daß Objekte, die durch den interplanetaren Raum fliegen, ständig von Partikeln, sogenannter kosmischer Strahlung, getroffen werden.

Partikel kosmischer Strahlung, die entstehen, wenn Sterne explodieren und ihre äußeren Schichten ins All geschleudert werden, bestehen hauptsächlich aus Protonen, Elektronen und Heliumkernen, die sich alle mit annähernder Lichtgeschwindigkeit bewegen. Kosmische Strahlen verbreiten sich im Raum und bombardieren jedes Objekt, das nicht – durch die Metallwände eines Raumschiffs oder durch eine atmosphärische Decke wie die unseres Planeten – gegen sie geschützt ist. Sogar die dünne Marsatmosphäre bietet Schutz gegen kosmische Strahlung, im Weltraum dagegen unterliegt ein Objekt unmittelbarem Beschuß durch kosmische Strahlenpartikel. Dieses Bombardement produziert in dem Objekt mit kontinuierlicher, wohlbekannter Geschwindigkeit neue Typen atomarer Kerne – bis das Objekt in den Schutz der irdischen Atmosphäre eintritt. Wir kennen heute die relative Geschwindigkeit, mit der kosmische Strahlung neue atomare Kerne erzeugt, und wir wissen, mit welchem Zerfallstempo sich diese Kerne in andere Elemente umwandeln. Folglich können Meteoriten-Fachleute anhand der gemessenen Anzahl von Kernen, die durch kosmische Strahlung entstanden sind, und der Menge ihrer Zerfallsprodukte bestimmen, wie lange sich ein Objekt durch den interplanetaren Raum bewegte und vor wie langer Zeit diese Reise endete. Die

Messung der Effekte kosmischer Strahlung und des anschließenden atmosphärischen Schutzes läßt sich damit vergleichen, daß wir die Zeitspannen, die ein Mensch im Regen und anschließend in einem Gebäude verbracht hat, feststellen können, indem wir untersuchen, wie intensiv seine Kleidung durchnäßt wurde und wieviel Zeit vergangen ist, seit sie zu trocknen begann. Diese Methode ergab, daß ALH 84001 ungefähr 15 Millionen Jahre im kosmischen Strahlenschauer verbrachte, gefolgt von 13 000 Jahren ohne Bombardierung durch kosmische Strahlen.

Wie steht es um die frühsten Lebensphasen des Steins vom Mars, sein Alter von 4,5 Milliarden Jahren und die Anzeichen für einen heftigen Zusammenprall vor vier Milliarden Jahren? Diese Altersangaben resultieren aus einem Verfahren namens radiometrische Datierung, mit dem die Zahl der Atomkerne gemessen wird, die durch den radioaktiven Zerfall einiger Elemente in einem Stein wie ALH 84001 entstanden sind. Bevor wir dieses Verfahren näher erörtern, gilt es, zwei breitere Themenkreise zu untersuchen: Woher kommen Meteoriten, und welche Aufschlüsse geben sie uns, nachdem wir sie erkannt und analysiert haben?

Steine vom Himmel

Unser Planet wird unablässig mit Gesteinsbrocken aus dem Weltraum bombardiert. Diese Tatsache ist sehr gut belegt, dennoch kann man leicht verstehen, daß vernünftige Menschen diese Vorstellung lange Zeit zurückwiesen, auch wenn Erzählungen von weitentfernten Ländern kursierten, wo angeblich zahlreiche Steine vom Himmel gefallen waren. Bis zum heutigen Tag beherbergt die heiligste Stätte des Islam, das kubische Gebäude namens Ka'aba, den schwarzen Stein von Mekka, der schon vor Begründung des Islam im 7. Jahrhundert verehrt wurde.

Die Farbe des schwarzen Steins legt einen meteoritischen Ursprung nahe; die Legende allerdings beschreibt ihn als Geschenk, das Adam bei seiner Vertreibung aus dem Paradies erhalten habe, und führt den allmählichen Farbwechsel von Weiß zu Schwarz darauf zurück, daß die Sünden zahlloser Pilger in dem Stein absorbiert worden seien. Alte Denkmuster sind äußerst zählebig: Vor drei Jahrhunderten, als europäische Wissenschaftler erstmals den Verdacht hegten, daß einige der merkwürdigen Steine, die auf der Erdoberfläche gefunden wurden, vom Himmel gefallen seien, sahen sie sich, meist in subtiler Form, dem hartnäckigen mittelalterlichen Glauben gegenüber, der Kosmos bestehe aus einem fünften Element, einer «Quintessenz», die sich vollkommen von den vier auf der Erde bekannten Elementen – Feuer, Luft, Erde und Wasser – unterscheide. War dem tatsächlich so, dann konnte man kaum erwarten, daß das himmlische Material aus Steinen oder Stein-Metall-Verbindungen bestand, die vielen irdischen Steinen ähnelten. Außerdem: Wie konnten Steine vom Himmel fallen, ohne daß man sie bemerkte?

Edmond Halley war der erste Mensch, der von einem außerirdischen Ursprung der Objekte, die wir Meteoriten nennen, ausging. Halley wurde vor allem durch seine Studien zu einem Kometen bekannt, der alle 76 Jahre relativ nahe an der Erde vorbeifliegt. Er analysierte die Beobachtungen von Meteoren – gemeinhin als «Sternschnuppen» bekannt –, die von verschiedenen Zeugen an unterschiedlichen Orten gesehen worden waren. Aus diesen Beobachtungen schloß er, daß helle Meteore, die gleichzeitig von verschiedenen, viele Kilometer voneinander entfernten Orten aus gesehen worden waren, mit etlichen Kilometern pro Sekunde durch den Himmel rasen müßten. Halley folgerte aus diesen enormen Geschwindigkeiten, daß die Objekte durch ein «zufälliges Zusammentreffen von Atomen» in Regionen außerhalb der Erde entstanden sein mußten. Trotz ihres Respekts für Halley nahmen nur wenige seiner Wissenschaftlerkollegen diese Hypothese ernst, bis nach Halleys Tod schlüssigere Beweise verfügbar wurden.

Am 24. Juli 1790 beobachteten mehrere hundert Menschen einen spektakulären Meteorschauer in der Nähe der Stadt Agen in Südwestfrankreich. Kurz darauf wurden merkwürdig aussehende Steine in der Nähe eingesammelt und in einer wissenschaftlichen Zeitschrift beschrieben, deren Herausgeber die Berichte von Steinen, die vom Himmel fielen, zu reiner Phantasterei erklärte. Aber dieser Artikel bewirkte eine sorgfältige Untersuchung des Phänomens durch Ernst Chladni, einen bekannten Physiker, der die Wissenschaft von der Akustik begründet hatte. 1794 veröffentlichte Chladni seine Analyse mehrerer hundert Berichte von Meteoren und Meteoriten und favorisierte die Hypothese, daß diese Steine, insbesondere die eisenhaltigen Meteoriten, außerirdischen Ursprungs seien. Chladnis Arbeit erregte wohlwollende Aufmerksamkeit, überzeugte jedoch nur eine Minderheit jener, die den Ursprung von Meteoriten diskutierten.

Mehr als ein Jahrzehnt später, am 14. Dezember 1807, überquerte ein extrem heller Meteor Neuengland, begleitet vom Niedergang zahlreicher Objekte in der Nähe von Weston, Connecticut, unweit der Yale-Universität. Benjamin Silliman, Yale-Professor für Chemie, und der College-Bibliothekar James Kingsley sammelten einige der Gesteinstrümmer ein, deren schwerster nicht weniger als ein ausgewachsener Mann wog. Eine alte Überlieferung, die möglicherweise falsch ist, besagt, daß Präsident Thomas Jefferson, einer der größten Freunde der Wissenschaft, die je das Weiße Haus bewohnten, das Ereignis dennoch mit den Worten kommentiert habe: «Es ist einfacher zu glauben, daß zwei Yankee-Professoren lügen, als daß Steine vom Himmel fielen.»

Zum Zeitpunkt des Meteoritenregens von Weston waren erfahrene Beobachter bereits darin geübt, den Weg von Meteoren durch Triangulation zu berechnen. Bei diesem Verfahren hielten sich die Beobachter an mehrere Kilometer voneinander entfernten Orten auf. Zahlreiche Messungen hatten ergeben, daß die meisten Meteore in Höhen von wenigen Dutzend Kilometern sichtbar wurden. Da diese Hypothese nach dem Vorbeiflug eines besonders hell leuchtenden Meteors durch tatsächliche Funde von merkwürdigen Gesteinsbrocken gestützt wurde, lag die Vermutung nahe, daß einige der in vielen Kilometern Höhe beobachteten Objekte die gesamte Atmosphäre durchquert hatten, um die Erdoberfläche zu erreichen. Das einschneidende Ereignis war die spektakuläre Erscheinung von Meteoren am 13. November 1833, die über den gesamten östlichen Vereinigten Staaten zu sehen waren, als der heute so genannte Leonid-Meteorschauer erstaunliche Dimensionen erreichte: Die meisten Beobachter berichteten, mehrere Meteore pro Minute gesehen zu haben. Dieses Ereignis löste weitere Forschungsprojekte aus, und Astronomen belegten bald darauf, daß Meteorschauer in jährlichem Rhythmus eintraten, auch wenn die Erscheinungen in manchen Jahren deutlich spektakulärer waren als in anderen.

Nachdem die Wissenschaftler erkannt hatten, daß die Objekte, die Meteoriten produzierten, aus dem Weltraum stammten, wurde auch der Grund für die jährliche Wiederkehr von Meteorschauern deutlich. Meteore entstehen, weil Unmengen kleiner Objekte, die von den Wissenschaftlern nun Meteoroiden genannt werden, die Sonne in eigenen Umlaufbahnen umkreisen und sogenannte Meteoroiden-«Schwärme» bilden. Wenn ein Meteorit auf die Erde trifft, beträgt seine Geschwindigkeit – in Relation zu der unseres Planeten – in der Regel mehrere Kilometer pro Sekunde. Wenn die Meteoriten mit hoher Geschwindigkeit auf die oberen atmosphärischen Schichten auftreffen, entsteht gewaltige Hitze: Die Gase gelangen nicht schnell genug aus der Flugbahn des Meteoriten und stauen sich vor ihm auf, wobei sie durch die Schubkraft des Objekts zusammengepreßt werden. Der gleiche Effekt stellt sich ein, wenn Astronauten in einem Raumschiff zur Erde zurückkehren; in beiden Fällen erhitzt der Schub die Objekte, während sich diese durch die Atmosphäre schieben. Raumschiffe müssen sehr sorgfältig konstruiert werden, um die Effekte dieser Erhitzung zu vermindern, obwohl sie mit nur wenigen Kilometern pro Sekunde in die Atmosphäre eintreten. Meteoriten, die ungebremst mit wesentlich höherer Geschwindigkeit in die Atmosphäre eindringen, erhitzen sich bis zu dem Punkt, an dem sie zu glühen beginnen. Dann sieht man den sich bewegenden Lichtpunkt, den wir Sternschnuppe oder Meteor nennen, während der Meteorit teilweise oder vollständig verglüht. Sternschnuppen, die man abseits städtischer Helligkeit in jeder klaren Nacht beobachten kann, sind gewöhnlich kleiner als Kieselsteine. Sie werden in Höhen von mehreren Dutzend Kilometern sichtbar und sind so heiß, daß sie in einem letzten Lichtblitz verglühen.

Einige Schwärme bestehen aus besonders vielen Meteoroiden. Einmal im Jahr, wenn die Erde die Umlaufbahn des Schwarms kreuzt, kann man mit einer großen Anzahl Sternschnuppen rechnen; mehrmals im Jahr besteht die Möglichkeit, in klaren Nächten besondere Meteoroidenschauer zu beobachten, beispielsweise die Quadrantide, die ihren Höhepunkt am 3. Januar erreichen, die Perseide mit einem Maximum am 12. August und die Leonide, deren Höhepunkt um den 16. November herum liegt. Die Namen dieser Schwärme bezeichnen die Konstellationen, von denen die Meteore aufgrund der Richtung auszugehen scheinen, in der sich die Erde relativ zu dem Meteoroidenschwarm bewegt. Falls die Erde den Schwarm an einer Stelle durchquert, die besonders viele Meteoroiden enthält, entsteht ein sehr intensiver Meteorschauer, so wie in den Leoniden des Jahres 1833.

Ein ungewöhnlich heller Meteor, der die atemlose Frage «Was war das?» auslöst und Sie veranlaßt, den Arm Ihres Begleiters zu umklammern, entsteht durch ein Objekt von wenigen Zentimetern Durchmesser, das in fünfzig bis achtzig Kilometern Höhe verglüht. Ein Objekt von der Größe eines Fußballs kann einen «Schweifstern» erzeugen, der für einige Sekunden am nächtlichen Himmel eine Spur hinterläßt. Manche Objekte überstehen die Durchquerung der Atmosphäre und werden zu Meteoriten, wenn sie auf die Erde prallen. Damit eine Masse von nahezu zweihundert Kilogramm auf die Erde stürzen und hier gefunden werden kann – wie der Meteorit, der 1807 in Connecticut niederging –, ist ein Ursprungsobjekt mit dem Mehrfachen dieser Masse erforderlich. Jeden Tag wird die Erde von Tausenden Tonnen Meteoriten-Schutt getroffen, deren Teile beinahe vollständig als Partikel von weniger als 25 Gramm niedergehen. Ein kleiner Prozentsatz dieser Meteoriten wiegt mehr als 100 Gramm und ist groß genug, um von einem aufmerksamen Beobachter bemerkt zu werden.

Auch während der Wende vom 19. zum 20. Jahrhundert fanden aufmerksame Beobachter Meteoriten. Einige Meteoriten bestehen hauptsächlich aus Gestein, das sich nicht auffällig von irdischen Gesteinen unterscheidet; andere sind Zusammensetzungen aus Stein und Metall, wieder andere bestehen hauptsächlich aus Metall. Da metallhaltige Materialien auf der Erdoberfläche wesentlich auffälliger sind als zerklüftete Felsbrocken, waren die metallhaltigen Meteoriten viel leichter zu erkennen als Steinmeteoriten. 1895 brachte Admiral Richard Peary einen Meteoriten aus Metall von Grönland nach New York, wo er noch heute im Hayden-Planetarium ausgestellt ist. Mit 36 Tonnen ist dieses Objekt der schwerste Meteorit, der jemals transportiert wurde; der einzige noch größere Meteorit, mit einer um ein Vielfaches höheren Masse, liegt teilweise eingegraben in Namibia an der Stelle, wo er auftraf. Kleinere Meteoriten sind sehr häufig. Viele Astronomiezeitschriften enthalten Anzeigen von fleißigen Sammlern, die Meteoriten zu vernünftigen Preisen zum Verkauf anbieten. Aber wie steht es um die größeren Exemplare?

Der Aufprall von Meteoriten auf die Erde

Wenn ein Meteorit von mehreren Tonnen die Erde mit einer Geschwindigkeit von vielen Kilometern pro Sekunde trifft, sind die Auswirkungen für die betroffene Gegend verheerend, in globaler Hinsicht dagegen bedeutungslos. Selbst der Meteorit, der in Arizona den berühmten Meteorkrater mit einem Durchmesser von fast 1,5 Kilometern verursachte, als er vor ungefähr 50000 Jahren die Erde traf, hatte keinerlei Konsequenzen für unsere Steinzeit-Vorfahren, die im Umkreis des heutigen Arizona lebten. Dieses Objekt war wahrscheinlich «nur» so groß wie ein kleines Einfamilienhaus und wog lächerliche 20000 Tonnen. Während der auf der Erde vergangenen Äonen wurde unser Planet vermutlich in Abständen von mehreren zehntausend Jahren von ähnlichen Objekten getroffen.

Man stelle sich nun die Auswirkungen auf der Erde vor, die der Einschlag eines Meteoriten von der Größe San Franciscos hätte. Dieser «Meteorit» wäre entweder ein Asteroid – im Grunde genommen ein großer Meteoroid – oder ein Komet, ein schmutziger Schneeball, hauptsächlich aus Eis und gefrorenem Kohlendioxid, nicht ganz so massiv wie ein Asteroid gleicher Größe, aber dennoch mit dem Potential, auf der Erde erheblichen Schaden anzurichten. Ein Objekt von 15 Kilometern Durchmesser würde die Erde durch sein Auftreffen erschüttern und wäre weder durch die Atmosphäre noch durch einen Sturz in einen irdischen Ozean zu entschärfen. Sollte der Asteroid oder Komet ins Meer stürzen, würde er eine kilometerhohe Fontäne Meerwasser mit Überschallgeschwindigkeit aus seiner Bahn verdrängen, so daß der Effekt der gleiche wäre, als wenn er auf einen Kontinent prallte. In jedem Fall würde das kollidierende Objekt ein Loch von 15 Kilometern Durchmesser in die Atmosphäre reißen – und in den Ozean, falls es dort aufträfe. Während der Minuten, die Atmosphäre und Meer benötigten, um die durch das Objekt gerissene Lücke zu schließen, würden in riesigen Mengen feiner Sand, Staub und sogar größere, durch den Zusammenprall mit der Erde emporgeschleuderte Partikel zu dem atmosphärischen Loch aufsteigen. Bis in Höhen von mehreren hundert Kilometern getragen, würden die größeren Bruchstücke die Erde in einen kochenden Schwarm heißer Partikel hüllen – glühende Kieselsteine, die unsere Wälder in Brand setzen könnten, wenn sie wieder auf die Erdoberfläche stürzten. Die kleineren Partikel, am gefährlichsten von allen, würden sich um die Erde herum verteilen und die Atmosphäre mit schwarzem Ruß überziehen. Aufgrund ihrer geringen Größe nur langsam zur Erde zurückkehrend, würden diese kleinen Partikel in der Atmosphäre treiben wie ein Ölteppich auf dem Meer. Der Ruß würde eine weltweite Verfinsterung bewirken, die sich nur allmählich auflöste, indem sich die Luft mit der Zeit selbst reinigen würde. Die Dunkelheit würde alle Lebewesen auf der Erde vernichten, mit Ausnahme derer, die in den Tiefen der Ozeane oder in kilometertiefen Felsspalten leben.

Dieses Szenario schien einst nur eine Phantasie zu sein, entworfen, um zu illustrieren, was geschehen könnte, wenn der Weltraum nicht so groß wäre, daß Himmelskörper so gut wie nie kollidieren. Während der vergangenen zwei Jahrzehnte wurde die Kollisionstheorie zu einem anerkannten Modell der wahrscheinlich bekanntesten Artenvernichtung auf der Erde. Vor ungefähr 65 Millionen Jahren traf ein Asteroid von etwa 15 Kilometern Durchmesser die heute Yucatán-Halbinsel genannte Region in Mexiko. Die fossilen Zeugnisse belegen, daß es während dieser Epoche zu massenhaftem Artensterben kam; ein großer Prozentsatz aller irdischen Spezies starb binnen weniger hunderttausend Jahre oder vielleicht noch sehr viel schneller aus. Zu den Organismen, die während dieses Massen-Artensterbens vor 65 Millionen Jahren von der Erde verschwanden, gehörte die Spezies der Dinosaurier, die über hundert Millionen Jahre lang an der Spitze der Nahrungskette gestanden hatten, während unsere mausgroßen Säugetier-Vorfahren nach Insekten und Maden jagten. (Da viele Biologen heutzutage davon ausgehen, daß Vögel eine überlebende Subspezies der Dinosaurier sind, sei angemerkt, daß von dem Aussterben nur sämtliche Saurier im engeren Sinne betroffen waren.)

Den Paläobiologen ist es bisher nicht gelungen, einen kausalen Zusammenhang zwischen dem gigantischen Zusammenprall und dem Tod der Dinosaurier vor 65 Millionen Jahren herzustellen. Aber die meisten Forscher, die Artensterben untersuchen, sind davon überzeugt, daß diese Vernichtungswelle von einer großen Kollision mit unserem Planeten ausgelöst wurde, da beide Ereignisse zeitlich zusammenfielen und weltweite Belege dafür gefunden wurden, daß das Objekt, das damals die Erde traf, einen Teil seines Materials in die Stratosphäre schleuderte, von wo es allmählich auf die Erde zurückfiel. Die Vernichtung anderer Spezies, die während mehrerer hundert Millionen Jahre in Abständen von ungefähr dreißig Millionen Jahren untergingen, könnte auf ähnliche Zusammenstöße – aber auch auf andere Ursachen – zurückzuführen sein. In jedem Fall belegt das Aussterben der Dinosaurier eindrucksvoll, wozu vom Himmel auf die Erde stürzende Steine zuweilen imstande sind. Glücklicherweise sind große Meteoriten seltener als kleine, und Objekte, die groß genug wären, um Asteroide genannt zu werden, kommen noch seltener vor. Wenn wir eine Probe Himmelsgestein finden wollen, müssen wir nach Meteoriten von moderater Größe suchen.

Fröhliche Jagdgründe der Meteoriten-Sucher

Meteoriten zählen zu den seltensten Gesteinen auf der Erde. Insbesondere aufgrund ihrer deutlich abweichenden chemischen Zusammensetzung sind Meteoriten von der Witterung und anderen Umwelteinflüssen auf unserem Planeten stärker betroffen als irdische Gesteine. Diese beiden Tatsachen machen die Suche nach Meteoriten schwierig und zeitaufwendig und als Vollzeitberuf wenig attraktiv. Nur ein einziger Ort auf der Erde spricht für die ansonsten unvernünftige Entscheidung, Ihren Kindern den Beruf des Meteoriten-Jägers nahezulegen: die Antarktis.

Die südpolare Landmasse, doppelt so groß wie die der 48 Vereinigten Staaten, ist größtenteils von einer drei Kilometer dicken Eisschicht überzogen. Hinsichtlich der Niederschlagsmengen gleicht die Antarktis einer Wüste. Mit Ausnahme des dünnen Küstenstreifens, der sie umgibt, fällt auf dem gesamten Kontinent jährlich weniger Schnee als in Washington, D.C. Dafür bleibt der Niederschlag, der einmal gefallen ist, in der Regel liegen. Die Temperaturen können an den wärmsten Sommertagen im Januar geringfügig über den Gefrierpunkt steigen, sinken im Winter bis auf minus 45 Grad Celsius und sorgen so für eine Tiefkühlung, welche die Verwitterung von Meteoriten verhindert. Noch günstiger für Meteoriten-Sucher ist die Tatsache, daß die Gegend der Antarktis, in der die Transantarktischen Berge das Eis durchziehen, einzelne Gipfel und Rücken aufweist – sogenannte «Nunataks» –, die das zur Küste hin dünner werdende Eis aufbrechen. Zwischen den Nunataks und den zum Meer hin gelegenen Rändern der Eisschicht, ungefähr 2000 Meter über Meeresniveau, erstrecken sich Regionen von «blauem Eis», in denen beständige starke Winde das Eis schneefrei halten. Einige dieser Blaueisplateaus sind die fröhlichen Jagdgründe für Meteoriten-Jäger, weil die langsame Bewegung der Eisschicht um die Nunataks herum für eine räumliche Konzentration der Meteoriten sorgt. Zusätzlich zu den ungefähr ein Dutzend Feldern in der Nähe der Transantarktischen Berge gibt es zwei weitere Blaueisfelder auf der anderen Seite des Kontinents, in Queen Maud Land, wo große topographische Barrieren ebenfalls den Eisfluß umleiten.

Während der vergangenen drei Jahrzehnte wurden in den

Blaueisfeldern mehr als 10000 Meteoriten gefunden. Jedes dieser Fundstücke trägt nun eine Bezeichnung aus einem bis vier Buchstaben, gefolgt von einer Zahl, die das Jahr der Entdekkung und den Listenplatz des Meteoriten im Labor angibt. MAC 86002 ist der zweite Meteorit, der 1986 bei den Macalpine Hills gefunden wurde, und Y 88141 bezeichnet den 141. Meteoriten, der 1988 in den Yamato-Bergen von Queen Maud Land entdeckt wurde, einer von mehr als 6000 dortigen Meteoritenfunden. Fast 2000 Meteoriten mit der Bezeichnung ALH wurden an einer ergiebigen Stelle namens Allan Hills gefunden, nahe einem Ausläufer der Transantarktischen Berge. Diese Stelle besteht aus vier Unterregionen, den Eisfeldern Main, Near Western, Middle Western und Far Western. Die ersten Suchexpeditionen in den Allan Hills, zwischen 1976 und 1978 unternommen, konzentrierten sich auf das Main-Eisfeld in den Allan Hills; spätere Aktionen wurden auf die anderen Gebiete ausgedehnt. 1981 fand man im Middle-Western-Eisfeld der Allan Hills ALH 81005, den ersten identifizierten Meteoriten vom Mond. Drei Jahre später tauchte in einem anderen Eisfeld bei den Allan Hills ein noch größerer Schatz auf.

Wie Robbie Score den urzeitlichen Stein vom Mars fand

ALH 84001, der Meteorit, der die Welt erschütterte, wurde am 27. Dezember 1984 im Far-Western-Eisfeld der Allan Hills gefunden, gut 150 Kilometer abseits der McMurdo Station, des wichtigsten wissenschaftlichen Außenpostens auf dem polaren Kontinent. Von einer solchen Tat sollte man nicht im Passiv berichten: Der Stein lag dort, und Roberta Score fand ihn. Am Tag dieser Entdeckung gehörte Score einem siebenköpfigen Team an, das auf der Suche nach Meteoriten war. Wie Bergsteiger betrachten solche Gruppen ihre Erfolge normalerweise als Ergebnis einer Teamleistung, aber der Ruhm hat seine eigenen Gesetze, und so wurde der Treffer der einzigen Frau im Team zugeschrieben.

Übrigens hatte sich Roberta («Robbie») Score ihre Chance, berühmt zu werden, während mehrerer Jahre verdient, in denen sie sich mit antarktischen Meteoriten vertraut machte: Seit 1978 hatte sie diese Meteoriten am Johnson Space Center erforscht. Geboren und aufgewachsen in Detroit, hatte Score nach ihrem ersten Jahr an der Michigan-State-Universität genug von Michigan; sie verließ die Universität und zog nach Los Angeles. «Ich schlug mich als zahntechnische Assistentin durch», erinnert sie sich. «Dann ging ich zur Universität zurück, an die UCLA, um Zahnmedizin zu studieren.» Da sie ein wissenschaftliches Nebenfach belegen mußte, schrieb sie sich in einen Geologiekurs ein; es dauerte nicht lange, bis sie ihr Karriereziel geändert hatte und Geologin werden wollte. «Nach meinem Abschluß bekam ich einen Job am Antarctic Meteorite Center in Houston – und blieb sechzehn Jahre dort.» Im Herbst 1996 nahm Score einen neuen Job an: Sie wurde Leiterin der wichtigsten Forschungseinrichtung in der Antarktis, des Crary-Laboratoriums in der McMurdo Station. (Das Laboratorium erhielt seinen Namen zu Ehren des ersten Menschen, der sowohl den Nord- als auch den Südpol erreichte.)

Scores Timing des Beginns ihrer Arbeit als Meteoriten-Jägerin erwies sich als exzellent. Japanische Wissenschaftler hatten 1969 den ersten Meteoriten in der Antarktis gefunden, aber erst 1976 startete ein gemeinsames Team der Vereinigten Staaten und Japans die ersten ausgedehnten antarktischen Suchaktionen. Die gemeinsamen Unternehmungen währten drei Jahre, in denen die Forscher ihre Funde teilten (buchstäblich im Fall von größeren Meteoriten, Stück für Stück bei den kleineren), um sie zu Hause in ihren Labors zu untersuchen. Da das Johnson Space Center fortschrittliche Einrichtungen für die Untersuchung von Mondgestein aufgebaut hatte, wurde es zum natürlichen Zentrum der Untersuchung von antarktischen Meteoriten in den

Vereinigten Staaten. 1978 trennten sich die Wege Amerikas und Japans auf diesem Gebiet. «Ich war von Anfang an am Johnson Space Center», bemerkt Score. «Das [Meteoriten-] Labor trägt meine Handschrift.»

Im Herbst – dem antarktischen Frühling – 1984 unternahm Roberta Score ihre erste Reise in «das Eis», wie Kenner der Antarktis den Kontinent aus Gründen nennen, die auch dem gelegentlichen Besucher eindrucksvoll vor Augen treten. Anfang Dezember wurde das Team der Meteoriten-Jäger samt Verpflegung und Ausrüstung (einschließlich eines Schneemobils für jedes der sieben Mitglieder) mit Hubschraubern in die Allan Hills geflogen, wo sie sieben Tage lang im Eis kampierten. Zu dieser Zeit, im Dezember und Januar, geht in diesen Breiten die Sonne nicht unter. «Bis zum 27. Dezember hatten wir ungefähr hundert Meteoriten gefunden», erinnert sich Score. «Wir durchkämmten das Far-Western-Eisfeld», ein Gebiet von etwa fünfzig Kilometern Länge und acht Kilometern Breite, ungefähr siebzig Kilometer westlich des Main-Eisfelds der Allan Hills. «Als wir uns an diesem Tag auf den Weg machten, war es kalt und windig, aber es wurde ruhiger und wärmer. Wir befanden uns in unserem normalen Suchmodus – auf unseren Schneemobilen in ungefähr dreißig Metern Abstand voneinander –, als wir ‹Eiszinnen› sahen, von denen man annimmt, daß sie durch langsam driftendes Eis und starke Winde geformt werden. Endlich ein Anhaltspunkt in einer vollkommen ebenen Landschaft! Einige der Zinnen waren fünf Meter hoch. Häufig befinden sich in ihrer Nähe Eisspalten, also lag eine gewisse Gefahr in der Luft. Dann gingen wir wieder an die Arbeit, und ich stieß auf diesen Stein. Wie immer in solchen Situationen stieg ich vom Schneemobil und winkte mit beiden Armen, um Aufmerksamkeit zu erregen. Schließlich kamen alle herüber. Wir trieben eine Fahne ins Eis, um die Stelle zu markieren, und holten unsere sterilen Spezialtüten des Johnson Space Center. Man paßt verdammt gut auf, um die Steine nicht zu kontaminieren. Der

Brocken war vollkommen grün; ich wickelte eine Tüte darum, hob ihn auf und ließ den Stein hineinrutschen. Dann versiegelte ich den Beutel, schrieb eine Nummer auf das Etikett und legte ihn in die Kiste.»

Von den ungefähr dreihundert Meteoriten, die auf dieser Reise gesammelt wurden, hat Score den grünen am besten in Erinnerung. Die in Eiskisten verpackte Sammlung wurde von der McMurdo Station aus nach Norden gebracht, mit dem letzten Schiff der Saison, dessen Hauptfracht der im jeweiligen Jahr angefallene Müll und Schrott ist, der zum Recycling in die Vereinigten Staaten gebracht wird. Von Port Hueneme, Kalifornien, wo das Schiff anlegte, wurden die Steine, in Trockeneis gelagert, nach Houston geflogen. Dort legten Meteorit-Experten sie zum Trocknen in eine Stickstoffkammer, fotografierten sie, sortierten sie nach Augenschein, versahen sie mit Labornummern und entfernten ein kleines Stück von jedem Meteoriten, das sie zum Harvard-Smithsonian Center für Astrophysik in Cambridge, Massachusetts, schickten. Score war erstaunt, als sie herausfand, daß ihr «grüner» Meteorit in Wahrheit von stumpfem Grau war. Seine «Farbe» war offensichtlich das Resultat der antarktischen Lichteinflüsse und der dunklen Sonnenbrille gewesen, die sie im Eis getragen hatte. «Ich hatte die ganze Zeit gesagt: ‹Wartet, bis ihr diesen Stein seht!› Dann sahen ihn alle an und meinten: ‹Ja, ja.›» Da es ihre Aufgabe war, Labornummern zu verteilen, ließ sie diesem Stein dennoch den ersten Listenplatz zuteil werden: ALH 84001, der erste Meteorit der Funde von 1984/85. Kaum zwei Kilogramm schwer, von der Größe einer Kartoffel, mit der etwa 3,5fachen Dichte von Wasser und einer äußeren dunklen Kruste, die von den Veränderungen aufgrund der Passage durch die Atmosphäre zeugte, wurde Scores Fund zum berühmtesten Himmelsgestein, das je auf die Erde fiel.

Nach einem Jahrzehnt der Bedeutungslosigkeit wird der Felsbrocken berühmt

In einem mit Stickstoff gefüllten Schrank am Johnson Space Center sicher aufbewahrt, war ALH 84001 anfänglich als Diogenit klassifiziert, eine Art Orthopyroxen-Mineral, aus dem die meisten Meteoriten bestehen. Man hält Diogenite für Stücke von Vesta, einem Asteroiden, der nach seiner Größe an vierter, nach seinem Glanz aber an erster Position rangiert, denn Vesta reflektiert Licht stärker als seine drei größeren asteroiden Verwandten. 1993, neun Jahre nach seiner Entdeckung, gelangte ALH 84001 unter den prüfenden Blick von David Mittlefehldt, Geologe und wissenschaftlicher Mitarbeiter der Lockheed Martin Engineering and Sciences Company in Houston, die auf vertraglicher Basis technische und wissenschaftliche Dienste für das Johnson Space Center leistete. «Mich interessierte der Vergleich unterschiedlicher Meteoritenarten», erinnert sich Mittlefehldt. «Also sah ich mir einen dünnen Abschnitt von ALH 84001 näher an. Der hohe Anteil an dreiwertigen Eisenoxiden [Eisen-Sauerstoff-Verbindungen, in denen die Eisenatome jeweils drei Elektronen mit Nachbaratomen teilen] machte mich stutzig. Normalerweise besteht das oxidierte Eisen in Diogeniten in zweiwertiger Form [nur zwei Elektronen werden mit den Nachbarn geteilt]. Ich holte mir einen weiteren dünnen Abschnitt und sah mir die Sulfide an [Verbindungen aus Schwefel- mit anderen Atomen]. Die Eisensulfide waren Disulfide [zwei Schwefelatome für jedes Eisenatom] statt Monosulfide [ein Schwefel- pro Eisenatom]. Dann machte es ‹klick›.»

Der Meteorit-Experte Mittlefehldt hatte den Stein vom Mars letztlich anhand seiner Gestalt erkannt. Bis zu diesem Zeitpunkt waren elf Meteoriten als vom Mars stammend identifiziert; ALH 84001 würde der zwölfte sein. Um die Identifizierung zum Abschluß zu bringen, fehlte noch ein Fingerabdruck. «Nachdem ich die Eisendisulfide gefunden hatte, fand ich Karbonate [Verbindungen von Sauerstoff und Kohlenstoff, zusammen mit Kalzium, Eisen und Magnesium]. Dann sagte ich der Kuratorin der Meteoriten-Sammlung, Marilyn Lindstrom, ich sei sicher, daß der Stein vom Mars stamme. Sie war sehr aufgeregt, antwortete aber, daß wir, um Gewißheit zu bekommen, eine Isotopanalyse durchführen lassen müßten. Also schickten wir eine Probe an Robert Clayton von der Universität Chicago, um eine Auswertung der Sauerstoffisotope zu erhalten. Er kam zu Ergebnissen, die den Werten anderer Marsmeteoriten glichen.» Somit gelangte ALH 84001 auf eine extrem kurze Liste identifizierter Steine vom Mars. «Ich war hingerissen!» sagt Roberta Score. «Ich wußte die ganze Zeit, daß der Stein etwas Besonderes war.»

Datierung von Marsgestein: Der isotopische Fingerabdruck

Von den Zehntausenden Meteoriten, die auf der Erde gefunden wurden, stammen nachweislich zehn vom Mond und ein Dutzend vom Mars. Um zu einer solchen Aussage zu kommen, bedarf es jahrelanger geduldiger Bemühungen, bis man schließlich einen kosmischen Fingerabdruck findet und identifiziert, mit dem sich die Herkunft dieser seltensten aller Meteoriten belegen läßt und der zudem ihr Alter angibt.

Dieser Fingerabdruck setzt sich aus Details der verschiedenen atomaren Kerne in den Meteoriten zusammen. Jedes Atom besteht aus Elektronen, die einen Kern aus Protonen und Neutronen umkreisen. Aus der Zahl der Protonen ergibt sich der Atomtypus (sechs für Kohlenstoff, sieben für Stickstoff, acht für Sauerstoff und so weiter), während die Zahl der Neutronen das spezielle Isotop des Atoms bestimmt. Beispielsweise haben alle Kohlenstoffatome sechs Protonen in jedem Kern, aber die Kohlenstoffisotope differieren hinsichtlich der Neutronenzahl pro Atom, die sechs, sieben oder acht betragen kann. Die Wissenschaftler bestimmen jedes Isotop anhand der Anzahl der Neutronen plus der Protonenzahl; somit heißen die drei Isotope von Kohlenstoff (Karbonium) Karbon-12, Karbon-13 und Karbon-14.

Alle Isotope eines bestimmten Atomtyps zeigen das gleiche chemische Verhalten: Sie interagieren in identischer Weise mit anderen Atomen, weil sie alle dieselbe Anzahl von Protonen und Elektronen haben, die ihre Chemie bestimmen. Nur auf der nuklearen Interaktionsebene, wenn ein Kern auf einen anderen stößt, macht die Anzahl der Neutronen und somit die Art des Isotops einen Unterschied. Zu nuklearen Interaktionen kommt es nur in extrem gewaltsamen Situationen, die üblicherweise enorme Temperaturen hervorrufen und in denen hochenergetische Kollisionen jeden Kern von seiner umgebenden Elektronenwolke entblößen. Alle verschiedenen Kernarten – alle Isotope einer bestimmten Atomart – sind bei gewaltigen Kollisionen entstanden, zur Entstehungszeit des Universums, in Sternen, bei stellaren Explosionen oder, wie wir gesehen haben, im interplanetaren und interstellaren Raum, als hochenergetische Partikel, kosmische Strahlen genannt, mit Staub oder Steinen zusammenprallten.

Einige Isotope sind stabil und können unverändert Jahrmilliarden überdauern. Es überrascht daher nicht, daß diese Isotope im Universum dominieren. Andere Isotope sind instabil und unterliegen radioaktivem Zerfall: Sie verwandeln sich in andere Kernarten – in Zeiträumen, die von Sekundenbruchteilen bis zu Milliarden von Jahren reichen, je nach dem Typus des instabilen Isotops. Kohlenstoff zum Beispiel hat zwei stabile Isotope, Karbon-12 und Karbon-13. Das dritte Isotop, Karbon-14, ist instabil: Diese Kerne sind «radioaktiv» und zerfallen zu Stickstoff-14-Kernen.

Der radioaktive Zerfall eines einzelnen Kerns läßt sich nicht exakt vorhersagen, die Ergebnisse des Zerfalls großer Kernmengen können jedoch statistisch und präzise beschrieben werden. Wir wissen zum Beispiel, daß Kerne von Karbon-14 mit einer Halbwertszeit von 5750 Jahren zerfallen. Die Halbwertszeit bestimmt das Intervall, in dem die Hälfte einer jeden größeren Menge von Kernen zerfällt. Nach Ablauf von zwei Halbwertszeiten ist nur noch ein Viertel der ursprünglichen Zahl instabiler Kerne vorhanden; nach drei Halbwertszeiten ein Achtel und so weiter. Schließlich werden alle instabilen «Elternkerne» in «Tochterkerne» zerfallen sein. Wenn wir also die ursprünglichen Zahlen von Eltern- und Tochterkernen in einem Objekt bestimmen und die aktuellen Zahlen messen können, dann läßt sich errechnen, wie viele Halbwertszeiten seit der Entstehung des Objekts vergangen sind. Der Zerfall von Karbon-14-Kernen mit einer Halbwertszeit von 5750 Jahren ermöglicht den Wissenschaftlern die «Karbon-Datierung», mit der sie das Alter von altem Holz und alten Stoffen bestimmen. Mit dieser Technik wurde das berühmte Totenhemd aus Turin als aus dem 13. Jahrhundert stammend identifiziert – eine herbe Enttäuschung für jene, die geglaubt hatten, es handele sich um das Leichentuch Jesu.

Jedes Element (das Ensemble aller Atome mit einer bestimmten Anzahl von Protonen und Elektronen) hat seinen eigenen Satz an Isotopen, einige davon stabil und andere instabil. Die instabilen zerfallen zu Tochterkernen, und aus dem Verhältnis von Eltern- zu Tochter-Isotopen ergibt sich das Muster des kosmischen Fingerabdrucks. Die Karbon-14-Datierung funktioniert gut bei Zeitspannen, die in Jahrtausenden gemessen werden; bei längeren Intervallen sind jedoch so viele Halbwertszeiten vergangen, daß schließlich kein Karbon-14 übrigbleibt, das nachgewiesen werden könnte. Um die Technik des radioaktiven Zerfalls auf längere Zeitabstände anzuwenden, muß man instabile Isotope mit wesentlich längeren Halbwertszeiten betrachten. Eines der besten Isotope für die Langzeitdatierung ist Kalium-40, ein instabiler Kern, der mit einer Halbwertszeit von 1,28 Milliarden Jahren zu Argon-40 zerfällt.

Stellen wir uns vor, daß ein Stein aus vulkanischem Material entsteht, dessen Hitze sämtliches Argon austreibt, weil Argon ein träges Gas ist, das aus dem geschmolzenen Stein herausperlen kann. Die Epoche, in der das Material ausreichend abkühlt, um zu versteinern, markiert hier den letzten Zeitpunkt, zu dem der Stein Eltern-Isotope (Kalium-40), aber keine Tochter-Isotope (Argon-40) aufwies. Anschließend können wir durch Messung des Verhältnisses zwischen Eltern und Töchtern das Alter seit der Erstarrung des Steins bestimmen. Gleiche Mengen von Eltern und Töchtern würden ein Alter von 1,28 Milliarden Jahren bedeuten, während dreimal so viele Töchter wie Eltern auf das doppelte Alter – 2,56 Milliarden Jahre – hinwiesen.

Im Fall von ALH 84001 ergab die Methode, basierend auf dem Vergleich von Kalium-40- und Argon-40-Mengen, ein Alter von ungefähr vier Milliarden Jahren. Das umfaßt offensichtlich nicht die Zeit, zu der sich der Stein zuerst bildete, sondern nur den Zeitraum von jenem Aufprall an, der ihn zumindest teilweise schmolz. Wir können diese Schlußfolgerung ziehen, da eine andere Datierungsmethode als Basisalter des Steins 4,5 Milliarden Jahre ergab. Dieses Alter ermittelten der Geologe Emil Jagoutz und seine Kollegen am Max-Planck-Institut für Chemie in Mainz anhand einer Probe von ALH 84001, indem sie die Mengen von Rubidium-87 (dem Eltern-Isotop) und Strontium-87 (dem Tochter-Isotop, in welches das Eltern-Isotop zerfällt) verglichen. Die vernünftigste Erklärung für diese unterschiedlichen Altersangaben scheint zu sein, daß der Stein vor 4,5 Milliarden Jahren entstand, aber eine halbe Milliarde Jahre später zur Hälfte schmolz und alles Argon-40 freisetzte, wodurch die Uhr – der Zerfall von Kalium-40 – zurückgestellt wurde.

Die elf Meteoriten, die früher als vom Mars stammend identifiziert wurden, waren zwischen 170 Millionen und 1,3 Milliarden Jahre alt. Damit ist ALH 84001 mehr als dreimal so alt wie der zweitälteste Stein vom Mars. Da durch plattentektonische

Verschiebungen alle mehr als 3,8 Milliarden Jahre alten irdischen Gesteine verschüttet wurden und die ältesten Mondgesteine vor 4,2 Milliarden Jahren entstanden, ist ALH 84001 das bei weitem älteste Gestein, das wir von einem Planeten oder Trabanten besitzen. Dagegen sind Meteoriten einer speziellen Klasse, die sogenannten karbonhaltigen Chondriten, die zu den frühesten der während der Bildung des Sonnensystems entstandenen Objekten zählen, ungefähr so alt wie das urzeitliche Marsgestein. Das könnte uns zu der Annahme verleiten, daß ALH 84001 irgendwie falsch klassifiziert wurde und tatsächlich zu der Klasse urzeitlicher, ansonsten aber gewöhnlicher Meteoriten zählt, welche die Oberfläche des Mars niemals berührten. Die Identifizierung von ALH 84001 als vom Mars stammend gilt jedoch als sicher.

Wie erkennt man Steine vom Mars?

Die Technik zur Lokalisierung der Ursprungsorte fremder Gesteine, die auf der Erde gefunden werden, beruht – wie die Methoden zur Altersbestimmung – auf Mengenmessungen verschiedener Isotope. Die kosmischen Fingerabdrücke, die einen Stein charakterisieren, erlauben die Bestimmung seiner Herkunft mit der gleichen Sicherheit, mit der ein blutiger Handschuh seinem Besitzer zugeschrieben werden kann; sie finden sich hier jedoch in der Anzahl *stabiler* Isotope, die keinem radioaktiven Zerfall unterliegen. Nahezu alle Elemente besitzen mindestens zwei stabile Isotope, zum Beispiel Karbon-12 und Karbon-13. Die stabilen Stickstoffisotope sind Stickstoff-14 und Stickstoff-15, bei Sauerstoff sind es Sauerstoff-16, Sauerstoff-17 und Sauerstoff-18, bei Neon Neon-20, Neon-21 und Neon-22. Die Isotopenzahlen eines bestimmten Elements variieren – wenn auch nicht in großem Umfang – im Kosmos von Ort zu Ort. Astronomen, welche die Isotopenhäufigkeit in Sternen messen, haben entdeckt, daß die meisten Sterne ähnliche Bedingungen wie die Sonne aufweisen; nur in außergewöhnlichen Sternen finden sich häufig ein oder zwei Elemente mit abweichender Isotopenrelation.

Zwei der vier inneren Planeten unseres Sonnensystems, Erde und Mars, besitzen Atmosphären, deren Isotopenverhältnisse gemessen wurden. In beiden Fällen charakterisiert ein einzelnes Muster den gesamten Planeten, da sich die Atmosphäre gleichmäßig um den Planeten verteilt. Die Atmosphäre des Mars besteht hauptsächlich aus Kohlendioxid mit kleinen Anteilen Stickstoff, Argon, Neon und anderer träger Gase wie Helium, Krypton und Xenon. Die beiden Viking-Raumschiffe, die 1976 auf dem Mars landeten, sandten eine detaillierte Aufstellung der Mengen dieser Elemente und der relativen Häufigkeit ihrer verschiedenen Isotope zur Erde. Wir wissen zum Beispiel, daß das Verhältnis von Stickstoff-15 zu Stickstoff-14 auf dem Mars höher als auf der Erde ist, und kennen ähnliche Relationen bezüglich eines Dutzends weiterer Elemente.

Die als vom Mars stammend identifizierten Meteoriten zeigen andere Isotopenverhältnisse als auf der Erde, aber die gleichen wie die Gesteine auf dem Mars. Einer dieser Meteoriten, EETA 79001, der in der Texas Bowl der Elefanten-Moräne gefunden wurde, ein paar Dutzend Kilometer von den Allan Hills entfernt, enthält sogar durchsichtige Einschlüsse, in denen, wie die Isotopenverhältnisse in dem Gas belegen, kleine Mengen Marsatmosphäre enthalten sind. Everett Gibson hat diesen Meteoriten den «Mars-Stein von Rosette» genannt, weil er den unzweifelhaften Schlüssel zum Ursprung des Mars enthielt. Alle zwölf Meteoriten ähneln EETA 79001 hinsichtlich ihrer Isotopenrelation; sie alle enthalten genügend Material aus der Marsatmosphäre, um den Fingerabdruck zu liefern, der bestätigt: Dieser Handschuh paßt dem Eigentümer; der Stein gehörte einst zum Mars. Als Robert Clayton von der Universität Chicago das Verhältnis von Sauerstoff-18- zu Sauerstoff-16-Kernen in ALH 84001 maß und einen Wert fand, der sich von dem des Verhältnisses in der Erdatmosphäre unterschied, aber dem entsprechenden Mars-Wert glich, schwanden alle Zweifel über die Herkunft des Steins.

Die zehn Meteoriten vom Mond wurden mit der gleichen Technik des Isotopenverhältnis-Vergleichs identifiziert, diesmal, indem man die Relationen in den Meteoriten mit denen in Steinen verglich, die vom Mond zur Erde gebracht worden waren. Geringe, aber signifikante Unterschiede in den Isotopenrelationen von Mond und Erde haben die Experten davon überzeugt, daß zumindest ein Teil des Mondes niemals zur Erde gehörte. Derzeit favorisierte Theorien zum Ursprung des Mondes gehen von einer gewaltigen Kollision aus, bei der vor 4,5 Milliarden Jahren ein Objekt von der Größe des Mars und die entstehende Erde zusammenprallten. Hierbei wurde Erdmaterial in den benachbarten Weltraum geschleudert, wo es mit Masse vom kollidierenden Objekt und Masse, die sich noch nicht mit einem größeren Objekt verbunden hatte, zu unserem Trabanten verschmolz.

Meteoritologen (ein Zungenbrecher, der diejenigen bezeichnet, die Meteoriten analysieren) nennen Gestein vom Mars «SNC-Meteoriten». SNC steht für Shergotty, Nakhla und Chassigny, drei Orte, an denen solche Steine gefunden wurden. Sechs der zwölf SNC-Meteoriten wurden in der Antarktis entdeckt; die anderen sechs, einschließlich S, N und C, fielen auf andere Kontinente der Erde. Fünf der zwölf wiegen weniger als ein halbes Kilogramm, fünf weitere zwischen zwei und neun Kilogramm; die verbleibenden zwei, Zagami und Nakhla, sind mit 20 beziehungsweise 45 Kilogramm bedeutend größer. Der massivste SNC, der Nakhla-Meteorit, fiel am 28. Juni 1911 auf Ägypten und tötete einen Hund. (1954 wurde eine Frau in Alabama von einem vier Kilogramm schweren Meteoriten getroffen, der durch das Dach schlug und ihr Bein traf; aber dabei handelte es sich um einen Zierstein für den Garten, nicht um einen Marsmeteoriten.) Alle SNC-Meteoriten bestehen aus geologisch bekannten Gesteinsarten, typischerweise Basalten, die sich aus Lava gebildet haben. Trotzdem kennzeichnen ihre einzigartigen Isotopenverhältnisse sie als Gesteine vom Mars.

Die Hüter der Steine: Das antarktische Meteoriten-Komitee

Wem gehört der Stein vom Mars? Und wer verteilt Stücke davon an Forscher auf der ganzen Welt, die diesen Meteoriten untersuchen möchten? Die Beantwortung der ersten Frage böte ausgedehnte Beschäftigungsmöglichkeiten für Anwälte, die sich allesamt an den ersten Fall zum Eigentumsrecht erinnern würden, den sie an der juristischen Fakultät studierten: die Streitsache um den Fuchs. Im Jahr 1805 verhandelte das oberste Gericht von New York die Klage eines Jägers namens Post, der mit seinen Hunden einen Fuchs «aufgescheucht» hatte, gegen Pierson, einen anderen Jäger, der den Fuchs gefangen hatte. Das Gericht entschied, daß Eigentumsrechte an wilden Tieren durch «Besitzergreifung erworben werden». Also besaß Post keinen Rechtsanspruch auf den Fuchs. Auf der Grundlage dieses Präzedenzfalles – wobei wir hier eine Analogie zwischen wilden Tieren und ungezähmten Meteoriten im Eis herstellen – könnten die Anwälte argumentieren, daß ALH 84001 Roberta Score oder dem Team der sieben Meteoriten-Jäger gehöre und daß jede Vereinbarung, das Eigentumsrecht an die Regierung zu übertragen, ungültig sei, und zwar infolge von Unbestimmtheit oder unzulässiger Beeinflussung.

Aus praktischen Gründen werden alle Meteoriten, die im Rahmen des antarktischen Meteoriten-Programms der Vereinigten Staaten gefunden werden, in der Obhut eines zehnköpfigen Komitees, der Meteoriten-Arbeitsgruppe, aufbewahrt. Das Komitee setzt sich aus Vertretern der NASA, von National

Science Foundation, Smithsonian Institution und verschiedenen Universitäten zusammen. Die Smithsonian Institution ist die nationale Verwaltungsbehörde für alle Meteoriten, die auf Bundesgebiet fallen oder mit öffentlicher Förderung gefunden werden, und die National Science Foundation (NSF) wurde vom Kongreß angewiesen, alle wissenschaftlichen südpolaren Forschungsprojekte der Vereinigten Staaten zu fördern und zu überwachen. Unter dem derzeitigen Vorsitz von Ursula Marvin, einer Geologin am Smithsonian Astrophysical Observatory (Teil des Harvard-Smithsonian Center für Astrophysik in Cambridge, Massachusetts), trifft sich das Meteoriten-Komitee zweimal jährlich, um Muster der antarktischen Meteoriten zu verteilen. Technisch gesehen berät das Komitee die Smithsonian und NSF lediglich, aber seine Empfehlungen wurden bisher stets befolgt.

Die Meteoriten selbst werden am Johnson Space Center gelagert, mit Ausnahme kleiner Stücke, die von ihnen abgelöst wurden und die sich an der Smithsonian befinden, dem sie auch (zumindest in gewissem Sinne) gehören. Das zweihundert Gramm schwere Muster von ALH 84001, das die NASA auf der Pressekonferenz vom 7. August präsentierte, war das Gesteinsstück der Smithsonian. Weitere zweihundert Gramm, darunter das Stück, das David McKay und seine Mitarbeiter analysiert hatten, waren bereits an Forscher verteilt worden. Ursula Marvin berichtet, daß beim Treffen des Komitees am letzten Wochenende des September 1996 im Hinblick auf die verbleibenden 1,5 Kilogramm der ursprünglich knapp 1,9 Kilogramm von ALH 84001 entschieden wurde: «Wir beschließen ein Moratorium, bevor weitere Proben verteilt werden.» Das geschah, weil man voraussah, daß die NASA ebenso wie die NSF weitere Untersuchungen von ALH 84001 fordern, Wissenschaftler durch ein Hearing auswählen lassen und die erfolgreichen Kandidaten mit staatlichen Stipendien ausstatten würden, woraufhin das Meteoriten-Komitee vermutlich einwilligen wird, diese Forscher mit Proben des urzeitlichen Marsgesteins auszustatten.

«Wir verteilen niemals alles», merkt Marvin an, die davon ausgeht, daß NSF und NASA gleichfalls weitere Studien an anderen Marsmeteoriten, den urzeitlichen Chondrit-Meteoriten und den ältesten Gesteinen der Erde anregen werden. Vergleiche innerhalb und zwischen diesen Gesteinsgruppen werden dazu beitragen, die Neuigkeit über ALH 84001 in den richtigen Kontext zu rücken. Worin besteht diese Neuigkeit? Um diese Frage zu klären, müssen wir in den Gerichtssaal der Wissenschaft zurückkehren und beide Anwaltsteams auffordern, ihre besten Argumente für und gegen urzeitliches Leben auf dem Mars vorzutragen.

3 Das Beweismaterial im Meteoriten

Die Meteoritologen sind sich einig, daß unsere Erkenntnisse über die Geschichte von ALH 84001 gesichert sind. Zu den bekannten Fakten zählen: sein vulkanischer Ursprung auf dem Mars vor 4,5 Milliarden Jahren; seine fast ebenso lange Lagerungszeit auf oder unmittelbar unter der Marsoberfläche; seine plötzliche Expulsion ins Weltall vor 15 Millionen Jahren und sein Eindringen in die Erdatmosphäre, ungefähr 13 000 Jahre, bevor Roberta Score ihn 1984 fand. Wenn wir ins Innere dieses Gesteinsbrockens blicken, gelangen wir in ein Gebiet, auf dem die Wissenschaftler heftige Debatten führen. Nicht die Herkunft des Meteoriten selbst ist strittig, doch desto hitziger werden die Anhaltspunkte für urzeitliches Leben auf dem Mars diskutiert. Um aus dieser Debatte größtmöglichen Nutzen zu ziehen, müssen wir uns auf Zeugenaussagen und Erörterungen dieser Experten vorbereiten, die Stärken und Schwächen ihrer Schlußfolgerungen und die Anhaltspunkte verdeutlichen, auf denen ihre Interpretationen beruhen.

Die Karbonate in ALH 84001

Niemand war erstaunt darüber, daß ALH 84001 zum größten Teil aus Silikaten besteht. Diese Verbindungen aus Silizium und Sauerstoff bilden auch den Hauptbestandteil der Gesteinsformationen auf der Erde. Die Zusammensetzung der Silikat-Arten – genannt Orthopyroxene –, aus denen der älteste aller planetarischen Gesteinsfunde zum größten Teil besteht, ist vielen alten und jungen Silikaten auf der Erde sehr ähnlich. Erstaunt war David Mittlefehldt jedoch, als er 1993 bei der Untersuchung einer Probe von ALH 84001 feststellte, daß dieser vulkanische Gesteinsbrocken auch einen hohen Anteil an Kohlenstoffverbindungen aufweist, vor allem an Karbonaten.

Karbonate sind mineralische Ablagerungen, bestehend aus Kohlenstoff- und Sauerstoffatomen, die mit Kalziumatomen (das gilt für die meisten Karbonate auf der Erde), mit Magnesium-, Eisen-, Manganatomen oder mit anderen Elementen verbunden sind. Als er eine Probe von ALH 84001 in seinem Labor im Johnson Space Center sorgsam analysierte, entdeckte Mittlefehldt, daß der Silikatbrocken mit kleinen Karbonatkügelchen durchsetzt war. Das größte dieser Kügelchen hatte einen Durchmesser von etwa 0,25 Millimetern, die kleineren von kaum mehr als 0,025 Millimetern. Wie in der Wissenschaft üblich, mißt Mittlefehldt kleine Entfernungen nicht in Millimetern, sondern in Mikrometern (Tausendstelmillimeter) und Nanometern (Millionstelmillimeter). Ein einzelnes feines Haar hat einen Durchmesser von ungefähr 50 Mikrometern; ein Nanometer entspricht also einem Fünfzigtausendstel des Durchmessers eines solchen Haars. Bei allen Details der Analyse des Meteoriten vom Mars und der nachfolgenden Diskussion geht es um Größenordnungen im Bereich von Mikro- und Nanometern.

Irdische Karbonate bilden sich fast immer unter Wasser und finden sich häufig zusammen mit Fossilschichten in (karbonreichem) Kalkstein, der allmählich aus der Anhäufung unzähliger Gehäuse kleiner Meereslebewesen entstanden ist. Auch durch nichtbiologische Prozesse kann Karbonat entstehen, häufiger sind jedoch Karbonatformationen aus lebenden Organismen wie beispielsweise die weißen Kalksteinfelsen bei Dover in Südengland. Bei der Untersuchung der Karbonatkügelchen oder «Bläschen» in ALH 84001 stieß Mittlefehldt auf kugelförmige, daneben auch auf fast scheibenförmige, flache Exemplare. Am stärksten beeindruckte ihn aber die Tatsache, daß fast ein Prozent der Gesamtmasse von ALH 84001 aus Karbonaten besteht. Warum befanden sich in einem uralten Stein vulkanischen Ursprungs diese Karbonate?

Mittlefehldt suchte Rat bei Chris Romanek, einem Experten für die chemischen Prozesse, die bei der Entstehung und Umwandlung von Karbonaten wirksam sind. Romanek, gleichfalls Angestellter von Lockheed Martin und am Johnson Space Center unter Vertrag, erinnert sich: «Eines Abends kam David über den Flur in mein Labor und fragte mich, ob ich mir einen interessanten Meteoriten ansehen wolle; dann zeigte er mir die Karbonate. Kurz darauf nahm ich an einem Symposium teil, auf dem Experten für irdische Karbonate erklärten, wie sie mittels Säure einen Teil des Materials wegätzen, um so den Rest besser untersuchen zu können. Ich schlug David vor, das Ätzverfahren gleichfalls einzusetzen, und so legten wir die innere Struktur der Karbonate frei. Unsere Aufnahmen, die mir sehr außergewöhnlich vorkamen, brachten wir zu Everett Gibson, einem Geologen am JSC. Er war der Meinung, daß die Karbonate eingehender untersucht werden müßten. Also gingen wir ein Stück weiter den Flur entlang in Dave McKays Labor für Mikroskopie. Gibson zeigte ihm die Aufnahmen, und die beiden schlossen sich zu einem Team zusammen, um den Meteoriten eingehender zu analysieren.»

1994 veröffentlichten Romanek, Mittlefehldt, Gibson und andere Geologen einen Aufsatz in dem britischen Wissenschaftsmagazin *Nature*, dem Gegenstück zu *Science* in den Vereinigten Staaten. «Wir folgerten, daß die Karbonatkügelchen bei Temperaturen zwischen null und achtzig Grad Celsius entstanden sind», sagt Romanek. Da null und 100 Grad Celsius die Gefrier- und Siedepunkte von Wasser markieren, würde eine Entstehung der Karbonate bei Temperaturen zwischen null und

80 Grad Celsius bedeuten, daß dabei flüssiges Wasser existiert haben kann. Da ferner die meisten irdischen Karbonate unter Wasser, in Umgebungen mit oder ohne lebende Organismen, entstanden sind, legt die von Romanek und seinen Kollegen bestimmte Temperatur die Vermutung sehr nahe, daß zu der Entstehungszeit der Karbonatkügelchen in ALH 84001 auf dem Mars flüssiges Wasser vorhanden war. Die Tatsache, daß der älteste Mars-Gesteinsbrocken Anhaltspunkte dafür enthält, daß zur Zeit der Karbonatbildung flüssiges Wasser auf dem Mars existierte, fesselte vor allem David McKay.

David McKay und die Karbonatkügelchen

David McKay, der Leiter des Forscherteams wurde, das ALH 84001 untersuchte und den Artikel in *Science* veröffentlichte, ist Experte für Geologie und Geochemie, geboren 1936 in Titusville, Pennsylvania, einer Region, die für die ölhaltigen Gesteinsschichten bekannt ist, die vor 150 Jahren die Erschließung der ersten amerikanischen Ölquelle ermöglichten. Als sein Sohn zehn Jahre alt war und bereits Geologe werden wollte, zog McKays Vater, der vor dem Zweiten Weltkrieg für die Kewanee-Ölgesellschaft arbeitete, mit seiner Familie von Pennsylvania in die zukunftsträchtigere Erdölregion Oklahoma um. Der junge McKay besuchte die Rice-Universität in Houston, erlangte einen Magisterabschluß in Geochemie an der Universität von Kalifornien in Berkeley und arbeitete anschließend ein Jahr für Exxon – eine Erfahrung, die ihn dazu bewog, an die Rice-Universität zurückzukehren, um in Geologie mit dem Schwerpunkt Geochemie zu promovieren. Im Jahr 1964, nach erfolgreicher Promotion mit einem Postdoktoranden-Stipendium der National Science Foundation wieder in Berkeley, erhielt McKay ein Angebot, an das NASA-Zentrum für bemannte Raumfahrt in Houston zu wechseln, das später in Johnson Space

Center umbenannt wurde. Er kehrte nach Houston zurück, als die NASA sich gerade auf die Erkundung des Mondes durch bemannte Raumschiffe vorbereitete. Mittlerweile hat er sein drittes Jahrzehnt in Diensten der Raumfahrtbehörde vollendet.

Zwischen Juli 1969 und Dezember 1972 brachten sechs Apollo-Missionen (Apollo 11 bis 17 mit Ausnahme von Apollo 13, deren Tragik kürzlich zum Thema eines ergreifenden Films wurde) Gesteinsproben vom Mond zur Erde, was auch der Sowjetunion durch drei unbemannte Raumflüge gelang. Die meisten Proben aus dem Apollo-Programm landeten in Houston. Dort erhielt McKay, der die Astronauten im Auffinden interessanter Gesteinsformationen geschult hatte, Zugang zu den ersten Gesteinen aus einer anderen Welt. «Das waren aufregende Zeiten», erinnert er sich. «Es gab viele Spekulationen über die [lunare] Bodenbeschaffenheit.» Dazu zählte auch die Frage, ob lebende Organismen in Mondgestein und -staub enthalten sein könnten, obwohl der Mond intensiver ultravioletter Sonnenstrahlung ausgesetzt ist, ihm sowohl eine Atmosphäre als auch Wasser in jeglicher Form fehlt und keinerlei Veränderungen auf seiner Oberfläche auf Lebewesen hindeuten. Zwar bestand kaum eine Wahrscheinlichkeit für lunares Leben und dafür, daß solches auf der Erde überleben könnte, aber die Wissenschaftler scheuten nicht zu Unrecht auch das minimale Risiko, daß von lunarem Leben eine Gefahr für unseren Planeten ausgehen könnte. Zum Glück ist das Mondgestein in der ganzen Welt untersucht worden, ohne daß irgendwelche lunaren Seuchen auf die ahnungslose Menschheit übertragen worden wären.

Als das Apollo-Programm im Verlauf der siebziger Jahre eingestellt wurde, die Analyse der Mondproben jedoch weiterging, wurde McKay durch seine detaillierten Untersuchungen zum weltweit bekanntesten Experten für die Eigenschaften der Mondoberfläche, speziell im Hinblick auf sogenannte Agglutinate. «Diese ungewöhnlichen Partikel bilden in einigen Regionen den Hauptbestandteil des Mondbodens und sind durch Einschläge von Mikrometeoriten entstanden», erläutert McKay. «Ich habe diese Agglutinate untersucht, bis ich sie nicht mehr sehen konnte.»

Als McKay erfuhr, daß David Mittlefehldt nachgewiesen hatte, daß ALH 84001 vom Mars stammte, «stellte ich ein kleines Team in unserer Abteilung zusammen, um den Meteoriten eingehender zu untersuchen. Ich betrachtete die dünnen Segmente [mit Diamantsägen abgetrennte Gesteinsscheiben, so dünn, daß das Licht sie durchdringt und den Inhalt erkennen läßt] und war von den Karbonatkügelchen, die ungewöhnlich aussahen, fasziniert. Ich wollte wissen, wie sie entstanden waren. Der Meteorit bröckelt leicht, wenn man ihn schneidet, vermutlich entlang der im Inneren erkennbaren, durch Erschütterungen entstandenen Bruchlinien. Es ist aber kein weiches Gestein; die Mineralien sind ziemlich hart. Wir glauben, daß sich die meisten Karbonate innerhalb einiger dieser Bruchlinien bildeten.» McKay und seine Kollegen rüsteten ihre Geräte, um in die Karbonatkügelchen einzudringen und deren Struktur und Zusammensetzung zu bestimmen. Selbstverständlich waren sie sich der Möglichkeit bewußt, daß ein urzeitlicher Gesteinsbrokken vom Mars Fossilien oder andere Anzeichen für Leben enthalten konnte. «Everett Gibson interessierte sich ebenso wie ich für Anzeichen früherer biologischer Aktivität», sagt McKay. «Deshalb beschlossen wir zusammenzuarbeiten.»

Die Ovoiden an den Rändern der Karbonatkügelchen

Im Verlauf des Sommers und Herbstes 1995 zerteilten McKay, Gibson und die anderen Forscher am Johnson Space Center (JSC) ihre Probe von ALH 84001, um sie zunächst mit konventionellen Mikroskopen und anschließend mit sehr viel leistungsfähigeren Elektronenmikroskopen zu untersuchen. Für die Analyse eines haarfeinen Karbonatkügelchens braucht man modernste Elektronenmikroskope, die winzige Details mittels Elektronenstrahlen «sehen». Wie ein verrückter Diktator, der einen vermeintlichen Dämon nächtens durchlöchert, indem er Schüsse auf ihn abfeuert, um zu sehen, ob sie ihn durchdringen, von ihm abprallen oder von ihrem Ziel absorbiert werden, beschießen Elektronenmikroskope ein Muster mit Elektronenstrahlen und registrieren die Ergebnisse der abprallenden oder das Ziel durchdringenden Elektronen. Raster-Elektronenmikroskope (REM) lassen Elektronen von einer Oberfläche abprallen, während Transmissions-Elektronenmikroskope (TEM) durch ein dünnes Objekt Elektronen hindurchschießen. Die Informationen beim Abprallen der Elektronen (mit REM) beziehungsweise die Richtungsabweichungen der durchdringenden Elektronen (mit TEM) ermöglichen es, ein Bild des Zielgegenstandes zu konstruieren. Diese Bilder stellen die Struktur des Untersuchungsobjekts mit einer Auflösung dar, die mit Lichtwellengeräten auch bei maximaler optischer Vergrößerung niemals zu erzielen wäre.

«Wir entschlossen uns, hauptsächlich die Karbonatstrukturen zu untersuchen», erläutert Chris Romanek. «Dadurch kam Kathie Thomas-Keprta zum Einsatz, eine Expertin für Bildfeldzerlegung und Tunnelung in der Elektronenmikroskopie. Aufgrund ihrer Fachkenntnis entdeckten wir weitere interessante Strukturen.» Für die Untersuchung der winzigen Splitter von ALH 84001 verwendeten Thomas-Keprta und die anderen Forscher am JSC die leistungsfähigsten hochauflösenden REM, die Einzelheiten von wenigen Nanometern Größe – von weniger als dem Zehntausendstel einer Haaresbreite – sichtbar machen. In diesen Dimensionen wird der Meteorit vom Mars hochinteressant. Die Forscher am JSC entdeckten, daß die meisten Karbonatkügelchen orangefarben sind, was vermutlich auf eisenreiche Materialien in ihrem Innern zurückzuführen ist. Die Ränder der Kügelchen sind jedoch schwarz und weiß, wobei die schwarzen Ränder außerhalb der weißen Regionen liegen.

REM-Untersuchungen der äußeren Ränder der Kügelchen zeigten zahlreiche längliche Strukturen, von den Forschern «Ovoiden» genannt, größtenteils mit einer Länge zwischen zwanzig und zweihundert Nanometern und einer Breite von fünf bis zehn Nanometern.

Nach Ansicht einiger Forscher am JSC ähnelten die Ovoiden Mikrofossilien, versteinerten Überbleibseln von Bakterien, die so winzig sind, daß ihre Größe in Mikrometern gemessen wird. Die Ovoiden an den Rändern der Karbonatkügelchen sind jedoch noch kleiner – kleiner als alle bekannten lebenden Organismen oder Mikrofossilien auf der Erde. Bedeutet das, daß die Ovoiden zu klein sind, um jemals gelebt zu haben? Niemand kann diese Frage mit Sicherheit beantworten. Gäbe es lebende Organismen in der Größe der Ovoiden, dann könnten wir vernünftigerweise von Nanofossilien sprechen, die so klein sind, daß ihre Größe in Hunderten von Nanometern oder weniger gemessen wird.

Eine äußerliche Ähnlichkeit der Ovoiden mit irdischen Mikrofossilien beweist natürlich nicht, daß es sich bei den Ovoiden tatsächlich um Fossilien handelt. Durch aufwendige Untersuchungen versuchten McKay, Gibson und Thomas-Keprta zu belegen, daß die winzigen Objekte mit den elliptischen und seilförmigen Umrissen nicht auf Verunreinigungen zurückzuführen sind, sondern ursprüngliche Komponenten der Karbonatkügelchen waren. Das ist ihnen mit fast absoluter Gewißheit gelungen, wodurch jedoch eine noch schwierigere Frage aufgeworfen wurde: Von welchem Gebilde blieben die Ovoiden zurück, als die Karbonate entstanden? Dieser Frage werden wir uns im nächsten Kapitel ausführlicher widmen; zunächst müssen wir uns jedoch einer anderen Schlüsselfrage zuwenden: Wie alt sind die Kügelchen?

Wie alt sind die Karbonatkügelchen in ALH 84001?

ALH 84001 ist 4,5 Milliarden Jahre alt, aber das ist nur eine obere Altersgrenze für die Karbonatkügelchen im Gesteinsbrocken. Die Kügelchen entstanden vermutlich aus dem Wachstum aneinander haftender Mineralien, die in den Spalten des Gesteins transportiert wurden. Falls das zutrifft, bildeten sie sich dann als Mineralablagerungen vor vier Milliarden Jahren? Oder vor zwei Milliarden Jahren? Wie können wir das feststellen?

Das Alter irdischer Karbonatablagerungen ermitteln die Geologen, indem sie enthaltene fossile Organismen betrachten und Rückschlüsse aus den Zeitabschnitten ziehen, in denen diese gelebt haben. Diese Methode ist auf den Gesteinsbrocken vom Mars nicht übertragbar (wäre sie es, so gäbe es weniger Diskussionen darum, ob auf dem Mars Leben existierte), also greifen Geologen auf ihre Lieblingsmethode zur Altersbestimmung zurück: Sie verwenden die Zerfallszeiten radioaktiver Atomkerne. Leider enthalten Karbonate sehr wenige dieser radioaktiven Atomkerne, deren Zerfall und Zerfallsprodukte bei anderen Mineralien aufschlußreich sind. Die Kügelchen in ALH 84001, deren Durchmesser nicht mehr als 0,25 Millimeter beträgt, enthalten überhaupt keine meßbaren Anteile an Argon-40 oder Kalium-40 und nur sehr geringe Anteile an Rubidium-87 und Strontium-87, die zusätzliche Möglichkeiten bieten, diese Methode anzuwenden. «Das ist ein schwieriges experimentelles Problem, weil die Kügelchen so klein sind», merkt Chris Romanek wehmütig an.

Zwei verschiedene Versuche, das Alter der Kügelchen zu bestimmen, haben zu zwei sich deutlich unterscheidenden Angaben geführt. Ein vorläufiger Wert, den McKay und seine Kollegen in ihrem *Science*-Artikel nannten, betrug 3,6 Milliarden Jahre. Wie in Kapitel 6 zu erörtern sein wird, wäre das genau das Zeitalter, in dem man urzeitliche Lebensformen auf dem

Mars erwarten würde. Aber niemand weiß besser als die Wissenschaftler, wie sehr wir auf der Hut sein müssen vor übereilten Schlußfolgerungen, zu denen wir oft nur deshalb neigen, weil sie unsere Erwartungen und Hoffnungen erfüllen. «Das ist eine sehr spekulative Datierung», sagt Richard Ash, einer der Geologen, die zu der geschätzten Altersangabe von 3,6 Milliarden Jahren kamen. «Es war kaum mehr als eine Randbemerkung in unserem veröffentlichten Abriß», der den Forschungsstand vor Abschluß der Arbeiten zusammenfaßte. «Ich würde sehr ungern sagen, daß das ein definitives, gesichertes Alter der Karbonate [in ALH 84001] ist.»

Die andere Datierung ergibt ein wesentlich jüngeres Alter der Karbonatkügelchen: lediglich 1,39 Milliarden Jahre. Meenakshi Wadhwa, Geologin am Field Museum in Chicago, und Guenter Lugmair, Chemiker an der Universität von Kalifornien in San Diego, leiteten dieses Resultat aus kleinen Splittern des Meteoriten ab, die sie zunächst zerstießen, um anschließend mit einem Magnetverfahren die eisenhaltigen Mineralien auszusondern. Mit einem Auslesemikroskop, einem magnetischen Trenner und Säure, um die Karbonate aus dem restlichen Material des Steins herauszulösen, isolierte Wadhwa ein halbes Milligramm Karbonat-Rückstand. Etwa 50 Millionstel dieser Menge bestehen aus Strontium-87-Atomkernen, die eine zeitliche Einordnung mittels der radioaktiven Zerfallsmethode ermöglichen, die sie und Lugmair anschließend auf die Probe anwandten.

Die Schwierigkeiten bei dieser Methode der Altersbestimmung liegen weniger in der geringen Materialmenge, mit der die Wissenschaftler arbeiten müssen, als in der Interpretationsmethode. «Wadhwas Ergebnisse sind stark abhängig von dem Modell der Karbonat-Bildung», merkt Richard Ash an. «Man muß davon ausgehen, daß das gesamte Karbonat-Material auf Änderungen des Maskelynits zurückzuführen ist», eines glasartigen Stoffes, der unter heftigen Einwirkungen entsteht. Sollte das Karbonatmaterial von anderen Mineralien als Maskelynit abstammen, dann wird die Altersangabe von 1,39 Milliarden Jahren unzuverlässig. «[Wadhwas] tatsächliche Messungen sind sehr präzise, und ihre Analysen sind hervorragend», sagt Ash. «Aber sie unterliegen der Interpretation. Es gibt immer das Problem: Sind es die Karbonate oder die Maskelynitkörner [deren Alter man bestimmt]?» Wadhwa widerspricht dem nicht. «Das Alter hängt sehr von dem gewählten Modell ab», sagt sie. «Es bleibt noch zu bestätigen. Wir hoffen, uns dem während der nächsten Monate unserer Forschung widmen zu können.»

Unter dem Strich, sagt Ash, «ist die Altersbestimmung der Karbonatkügelchen äußerst schwierig. Es gibt wirklich keine verläßlichen Angaben.» Sollten sich Wadhwas Angaben zum Alter der Karbonate als richtig erweisen, würde der Mars zu einem noch erstaunlicheren Planeten. Falls die Karbonate in flüssigem Wasser entstanden – was wahrscheinlich, aber nicht bewiesen ist –, impliziert Wadhwas «junges» Alter von 1,39 Milliarden Jahren, daß es zu jener Zeit flüssiges Wasser auf dem Mars gab. Dagegen deuten aktuelle Theorien zur Evolution des Mars und umfangreiche, auf Beobachtungen basierende Daten darauf hin, daß der Planet seine gesamten flüssigen Wasservorkommen vor drei Milliarden Jahren verlor. Diejenigen unter uns, die keine eigennützigen Motive verfolgen, könnten zu dem Schluß gelangen, daß die zeitliche Datierung der Karbonatkügelchen in ALH 84001 noch nicht gelungen ist und daß dies mindestens so lange der Fall bleiben wird, bis Geologen und Geochemikern erheblich mehr Karbonat-Material zur Verfügung steht.

Magnetische Mineralien in den Karbonatkügelchen

Wie alt auch immer die Karbonatkügelchen sein mögen – es ist ihr Inhalt, der die Aufregung verursacht hat. Zu den Anhaltspunkten für früheres Leben auf dem Mars, welche die Forscher am Johnson Space Center besonders hervorhoben, gehört die Tatsache, daß die Karbonatkügelchen in ALH 84001 zwei, möglicherweise drei verschiedene magnetische Mineralien enthalten.

Die meisten magnetischen Mineralien sind Verbindungen von Eisenatomen mit Sauerstoff oder Schwefel. Die Mineralien bestehen aus winzigen «magnetischen Domänen», von denen jede wie ein Miniaturmagnet auf das Magnetfeld der Erde reagiert. Was manche Leser für eine erstaunliche Neuigkeit halten mögen, ist die den Wissenschaftlern seit zwei Jahrzehnten bekannte Tatsache, daß verschiedene mikroskopische Lebensformen auf der Erde, sogenannte magnetotaktische Bakterien, magnetisches Material zum eigenen Gebrauch produzieren. Viele dieser Bakterien erzeugen ein Proteinmolekül namens Ferritin, das seinen Kern mit Eisenatomen füllt; ein kleiner Prozentsatz von ihnen produziert magnetische Mineralien, entweder Magnetit, eine Verbindung von Eisen und Sauerstoff, oder Greigit, bestehend aus Eisen und Schwefel.

Die magnetischen Mineralien, die in den Karbonatkügelchen von ALH 84001 gefunden wurden, sind Magnetit, Pyrrhotit, dessen Zusammensetzung der von Greigit ähnelt, und Greigit selbst, was aber noch der Bestätigung bedarf. Diese drei magnetischen Mineralien bestehen allesamt aus Molekülen mit regelmäßiger kristalliner Struktur. Tatsächlich weisen das Eisenoxid Magnetit und das Eisensulfid Greigit identische kristalline Strukturen auf: Magnetit besteht aus individuellen Einheiten mit drei Eisen- und vier Sauerstoffatomen, Greigit aus Einheiten mit drei Eisen- und vier Schwefelatomen, die alle in gleicher Weise kristallin strukturiert sind. Da die Eisenatome für die magnetischen Eigenschaften aller drei Mineralien verantwortlich sind, liegt der wesentliche Unterschied darin, ob sich Sauerstoff oder Schwefel mit dem Eisen zu einem Mineral verbunden hat. Die magnetischen Mineralkörnchen, die Kathie Thomas-Keprta in der Probe von ALH 84001 fand, sind vierzig bis fünfzig Nanometer klein; ihr würfelähnliches beziehungsweise tränenförmiges Äußeres erinnert an die magnetischen Mineralien, die von irdischen Bakterien produziert werden können, variiert jedoch stärker in Größe und Form. «Als mich Dave [McKay] und Everett [Gibson] in das Projekt einbezogen, war ich, ehrlich gesagt, die ungläubige Thomas», sagte Thomas-Keprta in der Pressekonferenz vom 7. August scherzhaft. «Im Laufe der Zeit wurde ich immer überzeugter [daß Chemie und Struktur der in den Karbonatkügelchen des Meteoriten gefundenen magnetischen Mineralien einen deutlichen Anhaltspunkt für urzeitliches Leben auf dem Mars bieten].»

Wenn Bakterien ein Eisenoxid wie Magnetit oder Eisensulfide wie Pyrrhotit oder Greigit hervorbringen, dann produzieren sie eine Unmenge winziger, in Größe und Form nahezu identischer Magnete mit nur einer Domäne. «Das sind Meisterwerke der Magnettechnik», sagt Richard Frankel, Physikprofessor an der Staatlichen Polytechnischen Universität von Kalifornien in San Luis Obispo, «Kompaßnadeln für Organismen von einem Mikrometer Größe und von unübertrefflicher Perfektion.» Die kleinsten irdischen Bakterien, die magnetische Mineralien verwenden, sind nur ein Mikrometer (0,001 Millimeter) lang, aber dennoch um ein Mehrfaches größer als das größte Ovoid, das in ALH 84001 gefunden wurde. Sie verwenden ihre magnetischen Mineralien – in Relation zum magnetischen Erdfeld – als «Oben-unten»-Sensorium. «Die Bakterie kann oben und unten nicht mit Hilfe der Schwerkraft unterscheiden», erklärt Frankel. «Aber ihr Lebensraum hat eine vertikale chemische Schichtung, deshalb hilft ihr die Kenntnis von oben und unten beim Auffinden benötigter Nährstoffe.» Wie ein Taucher in trübem Wasser, der nichts sieht, aber dennoch weiß, wo oben und unten ist, und so den Weg zur Oberfläche findet, verfügen die magnetischen Bakterien über einen lebenserhaltenden Orientierungsmechanismus, der ihren nichtmagnetischen Artgenossen fehlt.

Nachdem Kathie Thomas-Keprta magnetische Partikel in

den Karbonatkügelchen von ALH 84001 entdeckt hatte, verpflichteten David McKay und seine Mitarbeiter am JSC Hojatollah Vali, einen aus dem Iran stammenden Biomineralogen (und Experten für von lebenden Organismen gebildete Mineralien), der an der McGill-Universität im kanadischen Montreal lehrt. Angesichts der geringen Temperaturen, bei denen die Karbonatkügelchen entstanden waren, zeigte sich Vali erstaunt darüber, daß sie sowohl ein Eisenoxid – Magnetit – als auch Eisensulfide – Pyrrhotit und Greigit – enthielten. «Man findet sie beide zusammen in nichtbiologischen Systemen», sagt er. «In vielen hydrothermalen Umfeldern entstehen sowohl Eisenoxide als auch Eisensulfide. Aber wenn sie gemeinsam auftreten, dann sind sie normalerweise bei hohen Temperaturen entstanden.» Wenn die Karbonate also bei relativ niedrigen Temperaturen entstanden, wie Christopher Romanek und seine Kollegen gefolgert hatten, dann ließ sich das Vorkommen sowohl von Eisenoxid als auch von Eisensulfid auf der Basis irdischer Erfahrungen nur schwer erklären. Außerdem, sagt Vali, «impliziert eine Lösung, die Karbonate produziert, einen niedrigen pH-Wert, aber die Entstehung von Magnetit und Eisensulfid erfordert einen hohen pH-Wert.»

Kurzum, der Fund von Eisenoxid und Eisensulfidkörnchen in den Karbonatkügelchen impliziert zwei verschiedene Milieus: eines, um die Karbonate zu bilden, und ein zweites, um die magnetischen Mineralien zu produzieren. Zusätzlich deutet die Existenz zweier verschiedener magnetischer Mineralien, von denen eines Sauerstoff und das andere Schwefel an seine Eisenatome anlagert, auf eine weitere notwendige Untergliederung der Umgebungen hin. Nahezu per definitionem manipulieren lebende Organismen ihren Lebensraum, um ihr Überleben zu sichern, und halten verschiedene Umgebungen getrennt, um von deren Unterschieden zu profitieren. Unsere Mägen beispielsweise erhalten sauerstoffarme Bedingungen aufrecht, in denen Milliarden anaerober Bakterien leben, die an der Luft sterben würden. Wenn also sowohl Magnetit als auch Eisensulfide am gleichen Ort gefunden werden, noch dazu an einem Ort, an dem sich Karbonate gebildet haben, dann ist das ein starker Anhaltspunkt dafür, daß es dort einst Leben gab. Da Bakterien magnetische Mineralien produzieren können, die den in den Karbonatkügelchen gefundenen sehr ähneln, läßt sich ein biologischer Ursprung der Eisenoxide und Eisensulfide in ALH 84001 annehmen, wenn er auch schwerlich als bewiesen gelten kann. «Es ist merkwürdig», kommentiert Joseph Kirschving, Geologe am Kalifornischen Institut für Technologie, die magnetischen Funde in ALH 84001. «Aber es bedeutet nicht, daß [Teile des Marsgesteins] gelebt haben. Vielleicht ist der Mars ein außergewöhnlicher Planet.»

Ende 1994, als die Ergebnisse der elektronenmikroskopischen Untersuchung nach vielen Monaten harter Arbeit an den dünnen Gesteinsabschnitten vorlagen und Vali die beiden magnetischen Mineralien identifiziert hatte, begannen sich McKay und seine Mitarbeiter zu fragen, ob es mit diesem Meteoriten tatsächlich etwas auf sich haben könnte. «Wir baten Bill Schopf von der [kalifornischen Universität] UCLA, sich die Proben einmal anzusehen», erinnert sich Chris Romanek. «Er ist Experte für Anzeichen urzeitlichen Lebens. Schopf besuchte uns und erklärte bündig, welche Indizien ihn überzeugen würden: Wir müßten nicht nur Strukturen entdecken, die Lebewesen erzeugt haben könnten, sondern auch die zu diesen Strukturen gehörige organische Substanz finden.» Da dies nicht zu den Fachgebieten der Geologen am Johnson Space Center zählte, mußten die dortigen Forscher nach Experten für das Aufspüren organischer Moleküle suchen. «Kathie [Thomas-Keprta] hatte Beziehungen nach Stanford», sagt Romanek. «Dort verfügten sie über modernste Technologie und Interpretationsverfahren. Also begannen wir im Frühjahr 1995 mit Richard Zare und Simon Clemett zusammenzuarbeiten.»

Das «Zarelab» und die Entdeckung organischer Verbindungen in ALH 84001

Richard Zare, weltweit führend auf dem Gebiet der Laser-Chemie (der Untersuchung von Objekten auf molekularer Ebene mit Hilfe von Laserstrahlen), ist einer der bedeutendsten Forscher Amerikas: Er ist nicht nur Professor an der Stanford-Universität, sondern auch derzeitiger Vorsitzender des National Science Board, des Aufsichtsrates, der die Richtlinien für die National Science Foundation erstellt und überwacht, die größte Stiftung zur Förderung von Wissenschaft und Forschung in den Vereinigten Staaten. Geboren 1939 in Cleveland, Ohio, studierte Zare Chemie und Physik in Harvard, trat in die Graduiertenstufe an der Universität in Berkeley, Kalifornien, ein und kehrte dann nach Harvard zu seinem Doktorvater Dudley Herschbach zurück, der für seine Pionierarbeit auf dem Gebiet der chemischen Reaktionsanalyse 1986 einen Teil des Nobelpreises für Chemie erhielt.

Bereits mit 24 Jahren mit einem Doktortitel der Harvard-Universität ausgerüstet, verbrachte Zare ein Jahr als Postgraduierter an der Universität von Colorado und wurde dann Lehrbeauftragter für Chemie am Massachusetts Institute of Technology. Nach neun Monaten am MIT stieß seine Karriere auf ein Hindernis. «Ich wollte Zugang zur Werkstatt der physikalischen Abteilung», erzählt er. «Man sagte mir, ich könne nur die Geräte der chemischen Abteilung benutzen, die gut für Leder, Messing und Holz waren – aber ich mußte mit Edelstahl arbeiten. Ich ging zum Vorsteher, um mich zu beschweren, und er sagte mir, ich solle mich gedulden.» Zare war kein geduldiger Mann. «Als ich dem Vorsteher sagte: ‹Ich habe ein Angebot, [an die Universität von Colorado] zurückzugehen›, antwortete er mir: ‹Junger Mann, man verläßt das MIT nicht, um nach Colorado zu gehen.› Am nächsten Tag legte ich ihm meine Kündigung auf den Tisch. Ich erhielt die sofortige Erlaubnis, die

Werkstatt der physikalischen Abteilung zu benutzen, aber meine Entscheidung war gefallen. Es war mein erstes Abenteuer – ich wechselte von der chemischen Abteilung des MIT an die physikalische Abteilung in Colorado. Dann verkaufte mich die physikalische Abteilung zur Hälfte an die Abteilung für Chemie zurück. Das war die Hölle – niemand fühlt sich für einen zuständig, wenn man zwei Herren dient.» Wenige Jahre später, noch vor seinem dreißigsten Geburtstag, war er bereits ordentlicher Professor für Chemie an der Columbia-Universität.

«Ich entwickelte neue Techniken, um kleine Mengen der Produkte zu untersuchen, die aus chemischen Reaktionen während der gasförmigen Phase hervorgehen», erinnert sich Zare an seine Zeit an der Columbia-Universität. «Dort begann ich mit Massenspektrometrie durch Laser-Ionisierung» – das Verfahren, das Zare Ruhm in der Welt der Physik und Chemie einbringen würde. 1977 ließ er sich von der Stanford-Universität an die Westküste abwerben. Dort hat Zare heute den Marguerite-Blake-Wilbur-Lehrstuhl für Chemie inne und leitet ein großes Labor, in Fachkreisen als «Zarelab» bekannt, das sich darauf spezialisiert hat, winzige Mengen von Verbindungen innerhalb einer Probe zu analysieren – ohne daß diese berührt wird. Statt dessen beschießen die Forscher die Probe mit Laserstrahlen und untersuchen die Partikel, die sie an präzise ausgewählten Stellen abgesprengt haben. «Wir verwenden Laser, um chemische Probleme zu lösen – das ist die Schubkraft unseres Labors», sagt Zare. «Es ist Chemie ohne Chemie», erklärt Simon Clemett, ein britischer Student, der mit Zare an ALH 84001 arbeitete, und meint damit, daß die Lasertechnik die Probe unberührt läßt und somit Verunreinigungen ausschließt - solange das experimentelle Verfahren richtig angewendet wird.

«Das Interesse für Meteoriten habe ich von meinem Freund Peter Buseck, einem Chemiker und Geologen an der Universität von Arizona», sagt Zare. «Er war in seinem Ferienjahr in Stanford und erzählte mir: ‹Ich studiere Meteoriten.› ‹Warum?› ‹Weil sie Botschafter aus dem All sind.› Das weckte meine Neugier, und ich fragte ihn: ‹Was suchst du in ihnen?› Er antwortete: ‹Was immer drin ist.› Da wurde ich erst recht neugierig darauf, sie zu untersuchen, und am Ende hatte ich einen Ruf auf dem Gebiet der Meteoritenkunde.» In den letzten Jahren hat Zare zusammen mit seinen Kollegen und Studenten interplanetare Staubpartikel studiert, winzige Meteoriten, die so sanft und reichhaltig auf die Erde rieseln, daß hoch fliegende Aufklärungsflugzeuge sie mit Hilfe klebriger Substanzen einsammeln können. Um sie so genau zu analysieren, wie es im Zarelab geschieht, bedarf es höchster Aufmerksamkeit für Einzelheiten. «Die meiste Zeit verbringen wir mit unglaublich eintöniger und frustrierender Arbeit, um die hohe Präzision zu wahren und die Ergebnisse mit Kontrollproben zu vergleichen», sagt Zare. Ein großer Teil der Detailarbeit an ALH 84001 wurde allerdings von Clemett, den Zare als «wichtigsten Akteur» in diesem Forschungsprojekt bezeichnet, und den beiden Postdoktoranden Xavier Chillier und Claude Maechling geleistet.

1995, als Kathie Thomas-Keprta Kontakt zu Simon Clemett aufnahm und ihn bat, einige Proben des Johnson Space Center zu analysieren, hatte man im Zarelab aufgrund der Erforschung von interplanetaren Staubpartikeln bereits reichhaltige Erfahrung in der Analyse dieser außerirdischen Erdbesucher gesammelt. Um subjektive Einflüsse auf das Analyseverfahren auszuschließen, trugen die drei Proben vom JSC die Aufkleber «Mickey», «Minnie» und «Goofy». «Das ist fair», sagt Zare. «In der Vergangenheit haben manche Leute Blindproben [ohne irgendwelche interessanten Verbindungen] eingereicht. Das ist ein guter Test unserer Fähigkeiten.» Die Proben vom JSC waren tatsächlich allesamt kleine Stücke von ALH 84001.

Das Zarelab war der ideale Ort, um den molekularen Aufbau eines Stücks von ALH 84001 zu bestimmen, ohne die Probe zu verunreinigen. Herkömmliche Techniken zum Ablösen von

Steinsplittern für eine eingehende Untersuchung bargen die Gefahr, den Gesteinsproben vom Mars irdische Moleküle hinzuzufügen. In diesem Fall könnte die fortschrittlichste Analyse zu dem verkehrten Ergebnis führen, daß bekannte Verbindungen entdeckt würden, nicht weil sie vom Mars stammten, sondern weil sie versehentlich im Labor hinzukamen. Damit hätte sich das Debakel um den Orgueil-Meteoriten wiederholt, obwohl damals der Meteorit verunreinigt wurde, bevor er im Labor eintraf.

Die Techniken des Zarelab schlossen jeden unmittelbaren Kontakt mit der Probe aus. Um das Risiko der Verunreinigung so weit wie möglich zu eliminieren, legte Zares Team die Proben in eine Vakuumkammer, in der zwei verschiedene Laserstrahlen und ein elektrisches Feld einen dreistufigen Prozeß auslösten, der die verschiedenen Molekültypen an jeder Stelle jeder Probe offenbarte. Der erste Laser blies eine Substanzwolke von der Probe fort, der zweite wählte eine Molekülklasse in dieser Wolke aus, und das elektrische Feld ermöglichte es den Experimentatoren, die Stückzahlen aller Molekültypen in der von Laser zwei isolierten Klasse zu zählen. Durch diese Technik ist das Zarelab zu einem weltberühmten Zentrum für bestimmte chemische Analyseverfahren geworden. Wir können diese Methode mit der eines Detektivs vergleichen, der das Material eines Mantels zu ermitteln versucht, indem er einen Hitzestrahl auf eine kleine Stelle des Kleidungsstücks richtet, damit sich einige Fasern des Stoffs lösen und an die Luft abgegeben werden. Aus diesen Fasern isoliert der Detektiv die Fäden eines einzigen Typs, zum Beispiel Wolle oder Seide. Dann zählt er jeweils alle Fäden in den Kategorien bestimmter Größen und bestimmter Gewichte, beispielsweise der Wollfasern.

Im Zarelab legten die Chemiker die Probe unter ein Mikroskop, um die Stelle auszuwählen, auf die sie ihren Infrarotlaser richten würden. Jeder Impuls des Lasers führte zu einer Miniexplosion innerhalb eines sorgsam ausgewählten Bereichs des

Meteoriten, wodurch fast augenblicklich Material ausgeworfen wurde. Zwanzig Mikrosekunden nach dieser Explosion feuerte das Team einen Strahl von einem zweiten Laser, diesmal ultraviolette Strahlung, auf das ausgeworfene Material ab. Die ultraviolette Strahlung löste Elektronen aus einigen Molekülen, die sich im Strahl befanden – ein Vorgang, der Ionisierung genannt wird. Durch «Anpassen» der Frequenz der ultravioletten Strahlung des zweiten Lasers konnten Zare und seine Kollegen die zu ionisierende Molekülklasse festlegen; andere Moleküle blieben unbeeinträchtigt und behielten ihre volle Elektronenbesetzung. Dann waren sie bereit, Phase drei anzuwenden, in der die Moleküle der verschiedenen ionisierten Arten einzeln gezählt wurden.

Um die Ziele der dritten Phase zu erreichen, errichtete das Zare-Team in der Vakuumkammer ein elektrisches Feld. Ohne die nichtionisierten Moleküle zu beeinträchtigen, beschleunigte das Feld die ionisierten Moleküle auf beeindruckende Geschwindigkeiten. Mit bis zu 150 Kilometern pro Sekunde durch die Vakuumkammer rasend, trafen die ionisierten Moleküle auf ein Ziel, das ihren Aufprall registrierte. Ihre Ankunftszeiten in Verbindung mit einfachen physikalischen Berechnungen ermöglichten es dem Zarelab, die verschiedenen Molekültypen aufgrund ihres Gewichts zu unterscheiden. Jedes Molekül erhielt denselben Energieschub durch das elektrische Feld. Daraufhin bewegten sich die Moleküle mit geringerer Masse schneller durch die Kammer, so wie sich ein Golfball schneller bewegt als ein Fußball, der den gleichen Energieschub erhält. Die Moleküle mit der geringsten Masse trafen früher auf das Ziel als die mittelschweren Moleküle, die wiederum schneller waren als die mit der größten Masse. «Wie im richtigen Leben: Die Dünnen besiegen immer die Dicken», bemerkt Zare. Indem sie die jeweilige Anzahl der Einschläge zu den geringfügig differierenden Zeitpunkten ermittelten, konnte das Zare-Team die Anzahl der Moleküle der einzelnen Massekategorien feststellen

– und somit die Molekülzahl jeder einzelnen Untergruppe der Molekülklasse (bestimmt durch das Gewicht), die der Ultraviolett-Laser einen Augenblick vorher ionisiert hatte.

Wenn Wissenschaftler dieses Experiment mit einer irdischen Probe durchführen, stoßen sie auf Schwierigkeiten bei der Interpretation ihrer Ergebnisse, weil selbst kleine Mengen der meisten irdischen Gesteine sehr viele verschiedene Molekülarten beinhalten. Die Teile des Marsmeteoriten, die dem Innern des Steins in solcher Tiefe entnommen wurden, daß sie frei von Verunreinigungen sein müßten, bestehen dagegen hauptsächlich aus nur vier Molekültypen, die allesamt einer Klasse angehören. Diese Moleküle heißen PAHs: polyzyklische aromatische Hydrokarbonate. Wie ihr Name deutlich macht, bestehen PAHs hauptsächlich aus Wasserstoff- und Kohlenstoffatomen («Hydrokarbonate»), angeordnet in zwei oder mehr benachbarten hexagonalen Strukturen («polyzyklisch»), die von Chemikern als Benzolringe («aromatisch», wie jeder bezeugen kann, der schon einmal Benzol gerochen hat) bezeichnet werden.

Benzolringe zählen zu den in der biologischen Welt am weitesten verbreiteten Strukturelementen. Benzol selbst, eine farblose, leicht entzündliche Flüssigkeit, bildet die einfachste der Erdölverbindungen. Jedes Benzolmolekül enthält je sechs Kohlenstoff- und Wasserstoffatome, daher lautet seine chemische Formel C_6H_6. Die sechs Kohlenstoffatome des Benzols bilden einen Ring, umlagert von den Wasserstoffatomen, die jeweils nur an ein Kohlenstoffatom gebunden sind. Diese Molekülstruktur wurde im 19. Jahrhundert von dem deutschen Chemiker Friedrich Kekulé erstmals (mental!) erkannt. Nach vielen bewußten Überlegungen zur Struktur von Benzol träumte Kekulé von sechs Schlangen, die einen Kreis bildeten und jede den Schwanz ihrer Vorgängerin verschlangen. In jenen unbefangenen vor-freudianischen Zeiten erkannte Kekulé sofort, daß ihm sein Unterbewußtsein Einblick in chemische Zusammenhänge gewährt hatte; sein Ruf war begründet, und heute wissen nur wenige, daß ein schottischer Chemiker namens A.S. Cooper kurz zuvor dieselbe Erkenntnis gewonnen hatte – aber zu lange brauchte, um sie über Verbindungsleute in Frankreich zu veröffentlichen. Als Herausgeber der deutschen Zeitschrift *Annalen der Chemie* mußte Kekulé derartige Hindernisse nicht überwinden.

Die in ALH 84001 entdeckten PAHs enthalten je zwei, drei oder vier Benzolringe sowie ein paar zusätzliche Kohlenstoff- und Wasserstoffatome. Wo immer irdisches Leben existiert hat, können PAHs gefunden werden; typischerweise kommen sie nicht in lebenden Organismen selbst vor, sondern entstehen – wie die Hydrokarbonate im Erdöl – durch deren Zerfall. «Wenn man ein Huhn grillt», sagt Zare, «dann ist das Schwarze, das außen entsteht, wenn man es zu lange röstet, voller PAH.» Wäre das schon die ganze Wahrheit, so wäre mit dem Nachweis der PAHs im Inneren von ALH 84001 der Beweis erbracht, daß Leben auf dem Mars existierte und seine Zerfallsprodukte hinterließ. Das ist aber ausdrücklich nicht der Fall: Niemand betrachtet die Präsenz der PAHs als Beweis für Leben. PAHs tauchen auch dort auf, wo niemand Leben vermutet, zum Beispiel im interstellaren Raum, in alten Meteoriten und in interplanetaren Staubpartikeln.

Der interessanteste Aspekt der in ALH 84001 entdeckten PAHs ist – wie bei der Investition in Immobilien – ihre Lage. Die PAHs sind in den Karbonatkügelchen erheblich höher konzentriert als außerhalb; in den Kügelchen treten sie in besonders hoher Konzentration an deren schwarzweißen Rändern auf. «Als ich die räumliche Wechselbeziehung zwischen den PAHs und den Karbonaten sah, war das mein ‹Heureka-Moment›», sagt Zare. «Ich sagte mir: ‹Du mußt [der Möglichkeit von urzeitlichem Leben auf dem Mars] eine Chance geben.› Danach verbrachte ich eine schlaflose Nacht mit leichten Schreckensvisionen. Schließlich führte ich bis dahin ein zufriedenes Leben. Das würde mit Sicherheit zu Kontroversen führen.»

Es war zu spät, um auszusteigen, doch immerhin konnte Zare hoffen, relativ anonym zu bleiben, bis die Arbeit veröffentlicht war. «Ich sprach mit Kathie Thomas-Keprta und anschließend mit Dave McKay und Everett Gibson», erinnert er sich. «Wir schrieben den Artikel, indem wir per E-Mail und Fax korrespondierten, und die Fax-Geräte mußten unbedingt gegen unbefugten Zugriff gesichert sein.» Anfang 1996 waren die Wissenschaftler am Johnson Space Center, an der McGill-Universität und an der Stanford-Universität bereit, ihren Artikel zu veröffentlichen, und reichten ihn *Science* ein. «Ich rief im April den Herausgeber an und sagte ihm, wir würden ein wichtiges Manuskript vorlegen, das besonderer Begutachtung bedürfe und vertraulich behandelt werden müsse», sagt Zare. «Er antwortete: ‹Ich will keine Wiederholung der Kaltfusion.› Es besteht kein Zweifel daran, daß wir durch den Begutachtungsprozeß eine Menge gewonnen haben, und die Rezensenten haben das Geheimnis für sich behalten», obwohl mehr als einer von ihnen später erwähnte, wie schwer das gewesen sei, wenn sie im Frühjahr und Sommer 1996 mit Kollegen über die Möglichkeit von außerirdischem Leben diskutierten.

Dann, Anfang August, sickerte die Nachricht durch. «Ich hatte an einer Vorstandssitzung der National Academy of Sciences in Massachusetts teilgenommen», erinnert sich Zare sofort. «Am Montagabend [5. August] flog ich nach Stanford zurück und hörte auf dem Anrufbeantworter in meinem Büro eine Reihe zunehmend hysterischer Nachrichten ab.» Die Nachrichten gipfelten in der Aufforderung, Zare solle am nächsten Tag wieder zur Ostküste fliegen, um mittwochs an der Pressekonferenz teilzunehmen. Aufgrund einer Reihe von Störungen im Flugbetrieb, die sich immer zum ungünstigsten Zeitpunkt ereignen, traf Zare weit nach Mitternacht in Washington ein und fühlte sich so mitgenommen, daß er der Presse die Entdeckungen seines Labors kaum hinreichend erklären konnte. Dennoch, angesprochen auf die Möglichkeit einer Übertragung von Organismen von einem Planeten zum anderen durch Meteoriten, gab er den meistzitierten Satz der Pressekonferenz von sich: «Wer will behaupten, daß wir nicht alle Marsianer sind?» Diesem Thema werden wir uns in späteren Kapiteln widmen.

«Wie soll man nun interpretieren, was wir gefunden haben?» fragt Zare. «Unser Ansatz [mögliches früheres Leben auf dem Mars] erscheint vernünftig, wenngleich erstaunlich. Viele Daten sprechen dafür, aber das heißt nicht, daß er richtig ist. Jeder Wissenschaftler muß skeptisch bleiben: Die größte Falle in der Wissenschaft ist die Selbsttäuschung, und ich möchte mir das Recht vorbehalten, meine Meinung angesichts neuer Interpretationen oder Daten zu ändern. Wenn mir ein Arzt etwas Wichtiges mitteilt, hole ich eine zweite Meinung ein. Selbst das Michelson-Morley-Experiment [das berühmteste je in Cleveland durchgeführte wissenschaftliche Experiment, dessen Ergebnisse Einsteins Relativitätstheorie stützen] mußte bestätigt werden, bevor man es glauben konnte.»

Die Wissenschaftler stimmen darin überein, daß eine Bestätigung der verblüffenden Funde in ALH 84001 unbedingt erforderlich ist, ehe endgültige Schlußfolgerungen aus den Ergebnissen gezogen werden können. Die Forscherteams, welche die Karbonatkügelchen untersucht haben, um deren Alter, Struktur, Zusammensetzung und Entstehungsgeschichte zu bestimmen, werden ihr Engagement in den nächsten Jahren vervielfachen. Sie sind sich der Chance bewußt, die es bedeutet, die Entdeckung erstmals verifizierten außerirdischen Lebens beweisen – oder widerlegen – zu können. Unterdessen geht die Debatte über ihre Funde weiter. Noch während die Nachricht vom möglichen urzeitlichen Leben auf dem Mars per Telefon, Fax und E-Mail um die Welt ging, begannen zahlreiche Wissenschaftler die veröffentlichte Analyse von ALH 84001 und deren Auslegung zu kritisieren. Wie zu erwarten war, kann niemand Indizien für Leben auf einem anderen Planeten ankündigen, ohne sofort Widerspruch von Kolleginnen und Kollegen zu provozieren. Um breite Akzeptanz unter den Wissenschaftlern zu finden, muß sich jede Schlußfolgerung den Gegenargumenten der Forscher, die auf dem gleichen Gebiet arbeiten, stellen und sie ausräumen. Den Einsprüchen gerecht zu werden wird ein weiteres Kapitel erfordern, das wir «Die Verteidigung geht ins Kreuzverhör» nennen werden.

4 Die Verteidigung geht ins Kreuzverhör

Wir wollen die Debatte der Wissenschaftler weiterhin in Form eines Justizdramas rekonstruieren und behalten dabei im Hinterkopf, daß kein Modell der Realität vollkommen entsprechen kann. Stellen wir uns also vor, daß Anwalt Z, vehement für die Existenz urzeitlichen Lebens auf dem Mars plädierend, die Beweisführung des voranstehenden Kapitels vorgetragen hat. Dann wäre da das Team der Verteidigung, angeführt von den Anwälten A und B, das ein Kreuzverhör vorbereitet, in dem jede laut Anwalt Z bewiesene These widerlegt und entkräftet wird. Die Gegenbeweise werden zeigen, daß eine Schlußfolgerung hinsichtlich früheren Lebens auf dem Mars verfrüht ist. Wenn das Verfahren den Regeln entsprechen soll, müssen wir dem Kläger Gelegenheit zur abermaligen Vernehmung einräumen, gefolgt von einer erneuten Befragung der Verteidigung und dann vielleicht dem einen oder anderen Erfrischungsgetränk.

Ergeben 5 Möglichkeiten wirklich eine Wahrscheinlichkeit?

Anwalt A, der weiß, wie man eine Verteidigungsrede psychologisch geschickt aufbaut, beginnt, indem er David McKay, Richard Zare und die anderen Wissenschaftler für ihre unzweifelhaften Fähigkeiten lobt, die sie bei der Analyse von ALH 84001 an den Tag legten. Wenn er großzügig ist, wird er sich vielleicht sogar die Mühe machen, auch diejenigen lobend zu erwähnen, die den Meteoriten gefunden und uns bewiesen haben, daß er vom Mars stammt. Immerhin haben sie uns zu dem ältesten Gesteinsbrocken von einem anderen Planeten verholfen, der je im Sonnensystem gefunden wurde. Die Verteidigung besteht aber darauf, daß das vorhandene Material, von dem der Kläger behauptet, es sei der Beweis für die Existenz früheren Lebens auf dem Mars, mit viel größerer Wahrscheinlichkeit auf nichtbiologische als auf biologische Vorgänge zurückzuführen sei.

Die Argumentation des Klägers basiert auf den fünf markantesten Eigenschaften des Meteoriten:

1. ALH 84001 ist ein 4,5 Milliarden Jahre alter vulkanischer Gesteinsbrocken, dessen Abstammung vom Mars über jeden berechtigten Zweifel erhaben ist.
2. Karbonatkügelchen, die sich typischerweise in flüssigem Wasser bilden, entstanden (zu einem nicht eindeutig bestimmten Zeitpunkt) in den Gesteinsritzen des Brockens, wie die Form einiger Kügelchen belegt.
3. An den Rändern der Karbonatkügelchen enthüllen elektronenmikroskopische Aufnahmen Ovoiden, die irdischen Mikrofossilien ähneln, aber kleiner sind als alle jemals auf der Erde gefundenen Fossilien.
4. Die Kügelchen enthalten magnetische Mineralien – Eisenoxide und Eisensulfide –, deren Aufbau und Form jenen ähneln, die einige Bakterien auf der Erde produzieren.
5. Organische Moleküle, sogenannte PAHs, treten vorzugsweise innerhalb der Karbonatkügelchen auf; diese PAHs ähneln jenen, die beim Zerfall von irdischen Organismen entstehen.

Bevor wir diese Merkmale im einzelnen untersuchen, erklärt der Hauptverteidiger, wollen wir eine grundlegende Frage stellen. Wenn, wie die Anklage einzuräumen scheint, keines dieser fünf Merkmale allein einen überzeugenden Beweis für urzeitliches Leben auf dem Mars liefert, was nützen uns dann fünf «Möglichkeiten» in ALH 84001? Ergibt die Summe von «Möglichkeiten» wirklich eine «Wahrscheinlichkeit», wie die Anklage in ihrem *Science*-Artikel behauptet? Wie können wir vernünftigerweise davon ausgehen, daß die Gesamtheit der Beweisstücke dieses Ziel erreicht, wenn kein einzelnes dieser Stücke für sich beweiskräftig ist?

Die Antwort auf diese Frage ist nicht einfach. Wie Geschworene in einem Strafprozeß müssen wir alle entscheiden, ob eine Summierung von Möglichkeiten das Ergebnis mehr als möglich macht.

Wir können uns jedoch darauf einigen, daß die grundlegende Frage bleibt, wie wir jedes einzelne Beweisstück bewerten, bevor wir alle zusammenzählen. Anwalt A wird deshalb vorschlagen, die fünf Hauptbeweisgegenstände nacheinander zu betrachten, um herauszufinden, ob wir so zu der Übereinkunft gelangen, daß sie keinen Schuldspruch zulassen.

Nichtbiologische Erklärungen erscheinen mindestens so vernünftig wie biologische

Anwalt A versucht zunächst die fünf Punkte, die von der Anklage als Beweise für Leben auf dem Mars vorgebracht wurden, zügig zu widerlegen; die ovoiden Strukturen werden jedoch seinen Kollegen noch beschäftigen. Erstens stimmen alle darin überein, daß ALH 84001 vom Mars stammt und ein Alter von 4,5 Milliarden Jahren hat, womit aber nichts darüber gesagt ist, ob der Gesteinsbrocken Anzeichen für Leben enthält. Zweitens, nehmen wir einmal an, daß die Karbonatkügelchen tatsächlich in flüssigem Wasser entstanden sind, obgleich die Anklage das nicht bewiesen hat: Nicht einmal die Anklage sieht hierin einen schlüssigen Beweis für Leben, da sich Karbonatkügelchen auf der Erde bereitwillig auch unter natürlichen nichtbiologischen Bedingungen bilden. Das Vorhandensein von flüssigem Wasser impliziert lediglich die Möglichkeit, daß sich Leben auf dem Mars gebildet haben könnte; es wäre praktisch, wenn wir sicher sein könnten, daß die Karbonate in Wasser entstanden, aber dazu braucht die Anklage unmittelbare Beweise.

Der dritte Gegenstand, die elektronenmikroskopischen Aufnahmen der Ovoiden, ist reichlich mit interessanten Umrandungen versehen, läßt aber nichts von den inneren Strukturen erkennen, die auf der Erde als sichere Anzeichen für fossiles Leben gelten würden. Die Ovoiden könnten sehr wohl, wie bei solchen Strukturen häufig, durch mineralische Ablagerungen ohne Mitwirkung von Leben entstanden sein. Kein Paläobiologe der Welt würde sich anmaßen, Objekte – noch dazu von so unglaublich geringer Größe – einzig aufgrund ihrer Umrisse als Fossilien zu identifizieren. Denken Sie daran, erinnert er das Gericht, wie lange Paläobiologen brauchten, um die Existenz urzeitlicher Lebensformen auf der Erde nachzuweisen: Drei Jahrzehnte mußten vergehen, bis 3,5 Milliarden Jahre altes irdisches Leben allgemein anerkannt wurde. Viertens läßt sich das gleichzeitige Vorkommen von Eisenoxid und Eisensulfid in den Karbonaten gleichfalls auf nichtbiologische Prozesse zurückführen, auch wenn die Anklage behauptet, beider Entdeckung an derselben Stelle deute darauf hin, daß sie durch Lebewesen produziert worden seien. Schließlich: PAHs treten, wie jeder weiß oder bald wissen wird, im gesamten Universum auf, ohne daß deshalb behauptet würde, sie stellten zwingende Beweise für Leben dar.

Die Argumente, die ich den Anwälten der Verteidigung zugeschrieben habe, stammen eigentlich von Edward Anders, einer anerkannten Autorität auf dem Gebiet der Meteoritenforschung und der Entstehung des Sonnensystems, den ich Anwalt A nenne, und von J. William (Bill) Schopf, Anwalt B genannt, einem Experten für früheste irdische Lebensformen. Der Aufrichtigkeit halber möchte ich an dieser Stelle betonen, daß sich keine der in die Debatte über mögliches urzeitliches Leben auf dem Mars involvierten Personen in der Rolle eines Anwalts sieht und daß keine von ihnen für meine Bemühungen, ihre Argumente zu umschreiben, die Verantwortung trägt. «Es ist falsch zu behaupten, ich läge im Streit mit diesen Leuten [McKay, Gibson, Zare et al.]», sagt Schopf. «Sie sind nur der Meinung, daß fünf Zeilen Beweisführung eine Wahrscheinlichkeit ergeben. Ich sage, es ist möglich – aber es ist ebenso möglich, daß es dort kein Leben gibt.»

Wie die letzte Zeile des *Science*-Artikels von McKay und dessen Team, in der sie folgerten, daß die fünf Punkte «Beweise für urzeitliches Leben auf dem frühen Mars» seien, mutet auch Schopfs Behauptung, er liege nicht «im Streit mit diesen Leuten», ein wenig unaufrichtig an. Diese Leute haben die Behauptung von urzeitlichem Leben auf dem Mars aufgestellt, wissend, daß ihre Argumente nicht hieb- und stichfest sind, während Schopf die Rolle des Skeptikers annimmt, obwohl er auf der Pressekonferenz vom 7. August sagte: «Ich nenne es lieber eine Diskussion als eine Debatte.» Wenn wir uns den Hauptverteidiger Ed Anders ansehen, den ich allein aus praktischen Erwägungen mit Bill Schopf verbündet habe, um ihre Argumente zu bündeln und zu vergleichen, treffen wir auf einen Mann, der geradeheraus sagt, daß er mit den Autoren des *Science*-Artikels im Clinch liegt: «Diese unausgereifte Arbeit hätte nicht veröffentlicht werden dürfen.» Wer ist dieser Mann, der kein Blatt vor den Mund nimmt?

«Ed Anders war von Anfang an dabei», sagt Tobias Owen von der Universität Hawaii, seinerseits eine führende Persönlichkeit auf dem Gebiet der Planetenforschung. «Er hat nachgewiesen, daß die Anzeichen für Leben im Orgueil-Meteoriten nur Verunreinigungen von der Erde waren. Und natürlich war er es, der anbot, Mondstaub zu essen.» Ende der sechziger Jahre, noch vor den Mondlandungen, war eine Kontroverse über mögliche Gefahren durch Staub und Gestein, die mit unserem Raumschiff auf die Erde gebracht würden, entbrannt. Obwohl der Mond weder Wasser noch eine Atmosphäre aufweist – ganz zu schweigen von seinen extremen Temperaturen weit außerhalb der Bandbreite, die irdisches Überleben dort möglich machen würden –, meinten einige Wissenschaftler, die Gefahr sei nicht auszuschließen, daß lunarer Boden für unsere Umwelt schädliche Organismen enthalte. Als die NASA ankündigte, sie werde Astronauten und Bodenproben so lange unter Quarantäne halten, bis sie mit Sicherheit frei von Kontaminationen seien, schrieb Ed Anders - geleitet von der Überzeugung, daß Lebensformen, die mit irdischem Leben interagieren könnten, unter ungefähr gleichen Bedingungen existieren müßten – einen Leserbrief an die *New York Times*. Darin bot er an, einige der ersten lunaren Staubproben zu essen. Anders aß am Ende doch keinen Mondstaub, und die Proben, die zunächst steril gelagert wurden, haben ihre Chance zur Verseuchung der Erde vertan.

Nichtbiologische Karbonate, magnetische Mineralien und PAHs

Nachdem Ed Anders den *Science*-Artikel einige Wochen lang studiert hatte, kam er zu dem Schluß, daß McKay und seine Mitarbeiter die Anhaltspunkte für Leben auf dem Mars überbewertet hatten. Wie in der Wissenschaft üblich, schrieb Anders eine lange Widerlegung, in diesem Fall an die Herausgeber von *Science*; für unsere Zwecke enthält der Brief eine Zusammenfassung der Argumente gegen die Schlußfolgerung, es habe urzeitliches Leben auf dem Mars gegeben.

Anders als im Fall des Orgueil-Meteoriten, wo der entscheidende Fehler darin bestand, daß die Kontamination von Beweisstücken nicht entdeckt wurde, geht die Meinungsverschiedenheit zwischen Anders und McKay, Zare et al. vollständig auf die Interpretation von Ergebnissen einer sorgfältigen Untersuchung zurück. «Bei dem Orgueil-Meteoriten hatten wir schlechtes Datenmaterial und eine schlechte Auswertung», sagt Anders. «Jetzt haben wir gutes Datenmaterial, aber die Auswertung ist schlecht. Sie haben nur gezeigt, daß sich das Datenmaterial auf einen biologischen Ursprung schlüssig zurückführen läßt. Aber man muß auch die Alternativen berücksichtigen. Man darf keinen biologischen Ursprung annehmen, solange nicht die alltäglicheren und deshalb plausibleren Erklärungen ausgeschaltet sind.»

Anders' Argument zielt darauf, zunächst die Ansicht zu erschüttern, die wahrscheinlichste Erklärung für die Karbonatkügelchen seien biologische Prozesse. Er lenkt die Aufmerksamkeit auf die Tatsache, daß McKay und seine Mitarbeiter schrieben: Die Art der Karbonate in ALH 84001 variiert von Ort zu Ort innerhalb der einzelnen Kügelchen. Die inneren Regionen der Kügelchen enthalten kalzium- und manganreiche Karbonate, während an den Rändern eisen- und magnesiumreiche Karbonate auftreten.

Die Ursache hierfür sieht Anders in nichtbiologischen Prozessen, durch die Karbonate erzeugt werden können. Karbonate entstehen deshalb in flüssigem Wasser, weil darin Kohlendioxid gelöst ist, das die Karbonate mit Kohlenstoff und Sauerstoff versorgt, sowie Eisen, Magnesium, Kalzium und Mangan, die sich mit Kohlenstoff und Sauerstoff zu karbonathaltigen Mineralien verbinden. Sollte es auf dem Mars einmal Wasser mit darin gelöstem Kohlendioxid gegeben haben, so wäre das Kohlendioxid allmählich verdunstet und hätte dabei Blasen gebildet wie Kohlendioxid in kohlensäurehaltigen Getränken. Überlegen Sie, drängt Anders die Geschworenen, was passierte, als das Kohlendioxid aus dem Wasser aufstieg und in die Marsatmosphäre eintrat: Der Säuregrad des Wassers muß sich geändert haben, weil Kohlendioxid wie ein «Puffer» wirkt, der den

Säuregehalt senkt – eine Tatsache, die in rezeptfreien Mitteln gegen Sodbrennen genutzt wird. Chemiker wissen, daß sich mit der Änderung des Säuregrads Karbonate mit verschiedenen Komponenten – Kalzium, Eisen, Magnesium oder Mangan – vorzugsweise unter verschiedenen Säurebedingungen ablagern. Deshalb, so Anwalt A, ist die «Zonenbildung» der Karbonatablagerungen nichts Besonderes: Die eisen- und magnesiumhaltigen Karbonate lagern eben dichter an den Rändern der Kügelchen als die kalzium- und manganhaltigen. Genau das ist bei einem sich ändernden Säuregrad des Wassers, verursacht durch Austreten von Kohlendioxid, zu erwarten.

Zum Vorkommen von Eisenoxid und Eisensulfid in den Kügelchen merkt Anders an, daß die ältesten, einfachsten Meteoriten des Sonnensystems – die kohlenstoffhaltigen Chondrite – oftmals ähnliche magnetische Mineralien enthalten. Niemand würde deshalb ernsthaft behaupten, daß in den kohlenstoffhaltigen Chondriten Organismen existierten (obwohl solche Behauptungen aufgrund der Neuigkeiten über ALH 84001 noch ausstehen mögen). Das Magnetit (Eisenoxid) taucht zwar in kohlenstoffhaltigen Chondriten nicht in Karbonatablagerungen auf, merkt Anders an, aber die Behauptung von Lebensspuren kann kaum auf diesem Detail beruhen. Falls sich der Säuregrad des Wassers änderte, sollte es nicht verwundern, wenn man sowohl Karbonate als auch magnetische Mineralien findet, selbst wenn sie sich unter verschiedenen Säureverhältnissen bilden.

Wie steht es mit der Form der magnetischen Mineralien im Gesteinsbrocken ALH 84001, die zumindest einige der Befürworter von früherem Leben auf dem Mars an Magnete erinnert, wie sie auch von Bakterien auf der Erde produziert werden? In seinem Brief an *Science* schreibt Anders markig: «Solche wurstartigen Gebilde [die Mineralien] bewegen sich in einem morphologischen Niemandsland.» Wie Anwalt A sagen würde: Wir können einfach nicht feststellen, daß die Form der von «magnetotaktischen Bakterien» gleicht. Außerdem hat noch niemand differenzierte Vergleiche zwischen den Formen dieser magnetischen Mineralien und solchen angestellt, die in nichtbiologischen Prozessen auf der Erde entstanden sind. Deshalb, folgert Anwalt A, sagen diese Mineralien auch nichts über die Präsenz urzeitlichen Lebens auf dem Mars aus.

Zu guter Letzt wird Anwalt A vielleicht noch anmerken, bei jedem Versuch zu erklären, die magnetischen Mineralien seien von Bakterien auf dem Mars produziert worden, müsse man berücksichtigen, daß der Mars ein extrem schwaches Magnetfeld besitzt, so schwach, daß es bisher nicht einmal exakt gemessen werden konnte. Ohne erdähnlichen Magnetismus wäre es für die Bakterien ziemlich sinnlos, kleine Magneten zu entwickeln, wenn diese Magneten auf nichts reagieren könnten.

Auch hinsichtlich der PAHs (polyzyklische aromatische Hydrokarbonat-Moleküle) findet Anders keine freundlicheren Worte, auch wenn er das Zarelab für die technische Leistung lobt, sie identifiziert und zugleich nachgewiesen zu haben, daß ALH 84001 nur wenige Arten von PAHs enthält. Unter Berufung auf Experimente, die erstmals 1868 durchgeführt wurden, weist Anders darauf hin, daß, wenn man Methanmoleküle (je vier Wasserstoffatome mit einem Kohlenstoffatom verbunden) durch einen heißen Gewehrlauf schießt, nach kurzer Zeit Naphthalin zu riechen ist, ein bekanntes PAH, das bei der Mottenbekämpfung verwendet wird und sich bei der Reaktion von Methan mit Kohlendioxidmolekülen bildet. Moderne Experimente bestätigen, daß mit eisenhaltigen Oberflächen reagierendes heißes Methan PAH produzieren kann und oft nur einige dominante PAH-Arten abgibt. Daraus schließt Anders, daß «man bei einer sehr weit entwickelten Distribution dieser Kohlenstoffe [also nur wenige PAH-Arten], wie etwa für ALH 84001 nachgewiesen, keine Möglichkeiten hat, ihren Ursprung auf eine biologische oder eine abiotische [nichtbiologische] Quelle zurückzuführen».

Und damit, wird Anwalt A sagen, haben wir vier der fünf Beweisstücke des Klägers auf früheres Mars-Leben entkräftet. Übrig bleibt also nur das optisch attraktivste Beweisstück, die angeblichen Mikrofossilien oder, da sie so klein sind, Nanofossilien. Darf ich die Geschworenen daran erinnern, könnte er sagen, daß es keine terrestrischen Fossilien gibt, die nur zehn bis zwanzig Nanometer Durchmesser haben und nur hundert bis zweihundert Nanometer lang sind? Aber mein Kollege, Anwalt B, würde er vielleicht hinzufügen, der weit mehr Erfahrung als ich mit frühen mikrofossilen Funden auf der Erde hat, kann hier ein noch besseres Argument anbringen.

Die Interpretation der Ovoiden: Nanofossilien oder Karbonatauswüchse?

Zweifelsohne gebührt J. William Schopf der Titel des weltbesten Experten, was sein Wissen auf dem Gebiet paläontologischen Lebens anbelangt, also der Suche nach und der Interpretation von frühen Fossilfunden. Schopf, mit kurzem «o» gesprochen, ist Professor für Paläobiologie und Leiter des UCLA-Zentrums für Evolutions- und Lebensursprungsforschung. Er ist Mitte Fünfzig und hat in den sechziger Jahren Geologie in Oberlin und Harvard studiert, bevor er an die Fakultät der UCLA wechselte, wo er in den letzten 25 Jahren urzeitliche Spuren irdischen Lebens erforscht und sich auf diesem Gebiet einen Namen gemacht hat.

Auf Schopf geht das mit 3,5 Milliarden Jahren angegebene Rekordalter von terrestrischen Fossilfunden zurück. Diese Fossilien findet man in Stromatoliten im Nordwesten und Westen Australiens. Es handelt sich um Gesteinsschichten, die meist im Umfeld von blaugrünen Bakterien entstehen, die in Übergangszonen zwischen Felsen und Wasser leben. Die sich ablagernden Sedimente schließen Reste der Bakterienhüllen ein, die dem Gestein sein typisches Gepräge verleihen. Aber «ich würde

Stromatoliten nicht per se [als definitivem Beweis für lebende Organismen] trauen», sagt Schopf, «weil Schichtung von Gesteinsformationen auch ohne Bakterien auftreten kann».

Was würde Schopf davon überzeugen, daß Organismen einst in einem Milliarden Jahre alten Gesteinsbrocken existierten? «Wenn man dort Populationen mikroskopischer Organismen fände, deren Zellen erhalten geblieben sind, und wenn sich nachweisen ließe, daß die Zellwände aus organischem Material bestehen. Hätten wir Populationen [das heißt, verschiedene Zellkulturen] gleich denen heute lebender Organismen, dann gäbe es keinen Zweifel mehr.» «Das ist, als müsse man Ehebruch beweisen», meint Tobias Owen von der Universität Hawaii. «Man muß sie in flagranti erwischen, sonst gibt es keinen akzeptablen Beweis.» Legen wir Schopfs Maßstab an, so wird jeder zustimmen, daß die Anhaltspunkte in ALH 84001 keinen definitiven Beweis ergeben.

Mit den elektronenmikroskopischen Aufnahmen der «Nanofossilien» von David McKay und seinen Mitarbeitern konfrontiert, wird Schopf erst recht skeptisch, obwohl er dabei stets höflich bleibt. «Diese Objekte haben Durchmesser von ungefähr zwanzig Nanometern, das ist etwa die Größe von Ribosomen», stellt er fest. Lebende Zellen besitzen Ribosomen, in denen Protein synthetisiert wird. Sie bestehen aus Protein und RNS-Molekülen, die auf sehr komplexe Art miteinander verflochten sind. Sie sind wichtige Bestandteile des Lebens, leben aber nicht selbst. «Die [Ovoiden] sind nicht zehn-, sondern hundert- bis tausendmal kleiner als die uns bekannten präkambrischen Fossilien. Selbst kleine Bakterienzellen enthalten eine Vielzahl von Ribosomen, Mitochondrien und anderen Dingen aller Art.»

In Kürze wird uns Anwalt Z seine Erörterungen zu diesem Thema vortragen. Dabei wird er folgende spannende Frage aufwerfen: «Wie klein könnten die kleinsten Lebewesen sein?» «Ich weiß nicht, wo die Grenze für die Größe lebender Organismen liegt», sagt Schopf. «Aber das ist hier nicht die maßgebliche Frage. Niemand weiß, ob Nanofossilien Fossilien sind oder nicht. Warum nicht? Weil niemand das Datenmaterial zusammengetragen hat, das dies beweisen könnte. Es gibt keine Informationen über ihren chemischen Aufbau. Woraus bestehen sie? Es gibt keinen Beweis dafür, daß sie aus organischem Material bestehen. Wenn sie gänzlich aus Karbonaten bestehen, dann ist das kein Leben. Und keines von ihnen scheint beschädigt zu sein oder ragt in den Gesteinsbrocken hinein oder aus ihm heraus, was man erwarten würde, wenn sie gelebt hätten. Es handelt sich um winzige, längliche Strukturen. Keine von ihnen scheint deformiert zu sein, doch wenn wir uns die erforschten Fossilien der Erde anschauen, dann sind nicht mehr als ein Zehntel eines Prozents so gut erhalten, daß man sie auswerten könnte. Das finde ich schon seltsam.»

Warum haben die Forscher nicht versucht, den chemischen Aufbau der Nanofossilien zu bestimmen? «Mir ist klar, warum nicht», sagt Schopf. «Es ist keine Schande: Diese Leute sind Geologen und Mineralogen, keine Biologen. Das ist ein Problem der Ausbildung. Physikalisch orientierte Wissenschaftler kennen sich in der Biologie nicht aus und umgekehrt.» Biologen würden vor allem darauf bestehen, die Ovoiden durchzuschneiden, um zu sehen, ob sie innen hohl sind oder nicht. Wenn ja, dann wäre die Wahrscheinlichkeit, daß es ehemalige Zellen sind, um so größer. Sie hätten dann einst Protoplasma enthalten wie unsere heutigen Zellen. «Technisch ist das natürlich sehr schwierig zu bewerkstelligen», räumt Schopf ein. «Um die innere Struktur und die chemische Zusammensetzung zu bestimmen, müßten Laborexperten sie in Epoxidharz lagern und aus dem restlichen Meteoriten herauslösen. Anschließend müßte man das Epoxidharz mit einer Diamantsäge in dünne Teile schneiden und diese dann mit einem Transmissions-Elektronenmikroskop untersuchen.» Im Johnson Space Center bereitet man sich auf derlei Projekte vor; ob sie gelingen und welche Ergebnisse sie erbringen, wird sich zeigen.

Bis jetzt ist Schopf verständlicherweise zurückhaltend. «Mein Motto ähnelt dem in der Abrüstungspolitik: Vertrauen ist gut, Kontrolle ist besser. Ich glaube, daß die Beobachtungen haargenau stimmen; die Forscher haben in hervorragender Weise dokumentiert, was sie gesehen haben. Aber kann man die Ergebnisse mit Bestimmtheit als Leben interpretieren? Nein! Das Glas mag halbvoll oder halbleer sein, aber niemand sagt, daß es überläuft. Folgende Frage ist wirklich relevant: Wenn diese fünf Beweiskriterien in einem Gesteinsbrocken auf der Erde gefunden worden wären, gälten sie dann als Beweise für Leben? Mit Sicherheit nicht. Es wäre sogar schwierig, eine Abhandlung darüber zu veröffentlichen [da die begutachtenden Wissenschaftler weitere Untersuchungen verlangen würden].»

Die Mindestgröße für Leben und einige andere Aspekte

Während die Anwälte A und B die Argumente von Anwalt Z eines nach dem anderen zurückwiesen, hat er mit stoischer Gelassenheit abgewartet (das Gericht hätte ihn sonst wahrscheinlich zur Ordnung gerufen). Aber jetzt erhebt er sich, um die im Kreuzverhör vorgebrachten Argumente der Verteidigung zu widerlegen. Klugerweise vermeidet er das Thema, wie die Jury die einzelnen Beweispunkte addieren solle, und betont, daß der Erfolg der Klage davon abhänge, ob die Gesamtheit der Beweismittel einer Überprüfung standhalte. Anschließend wendet er eine im Rechtswesen bewährte Strategie an: Er greift den Gegner an seiner schwächsten Stelle an – bei dem Argument, die Ovoiden am Rand der Karbonatkügelchen seien zu klein, um lebende Zellen gewesen zu sein.

Bedenken Sie, sagt er zu den Geschworenen, daß Anwalt B offen zugibt, nicht zu wissen, wie klein die kleinsten Lebensformen sein können. Er verläßt sich auf die Tatsache, daß die von ihm untersuchten irdischen Lebensformen – Fossilfunde aus der

Frühgeschichte der Erde – alle viel größer sind als die Ovoiden in ALH 84001. Für Anwalt B ist damit klar, daß es sich bei den Ovoiden kaum um Zellen handeln könne. Aber wir verfügen über mindestens zwei Ansätze, um das Argument der zu geringen Größe zu entkräften. Der eine besteht darin, zu demonstrieren, daß einfache Zellen von der Größe der Ovoiden theoretisch existieren können, der andere darin, zu zeigen, daß solche Zellen faktisch auf der Erde existieren oder existiert haben.

Was die Theorie anbetrifft, sind sich alle Experten darin einig, daß eine Zelle mindestens eine Membran besitzen muß, die sie umschließt, sowie im Innern mindestens ein paar tausend komplexe Moleküle. Nach allem, was wir über Atome und ihre chemischen Reaktionen wissen, muß eine Membran, die ihre Grundfunktion der räumlichen Abgrenzung erfüllen will, mindestens zehn Nanometer stark sein. Das bedeutet, daß jede Zelle eine Stärke von mindestens zwanzig Nanometern haben muß (für eine beidseitige Membran) zuzüglich eines Innenraums von, sagen wir, mindestens fünfundzwanzig bis dreißig Nanometern. Viele der Ovoiden scheinen ungefähr diese Stärke zu haben, und einige von ihnen sind zweihundert Nanometer lang. In einen zweihundert Nanometer langen Zylinder mit einem Innendurchmesser von fünf Nanometern und zwei zehn Nanometer breiten Seiten – insgesamt ein Zylinder von fünfundzwanzig Nanometern Breite – passen mindestens ein- bis zweitausend komplexe Moleküle. Ein- bis zweitausend komplexe Moleküle reichen vielleicht für eine der einfachsten lebenden Zellen aus. Sie könnte viel einfacher strukturiert sein als alle irdischen Zellen mit ihren Proteinsynthesekomplexen und sonstigen hochentwickelten molekularen Strukturen. Zusammenfassend bedeutet das, daß wir uns nicht allein auf die Größe der Ovoiden stützen dürfen, um auszuschließen, daß es sich möglicherweise um Zellen handelt.

Anwalt Z führt weiter aus, daß es auf der Erde tatsächlich sogenannte Coxiella-Bakterien mit Längen von zweihundert bis vierhundert Nanometern gibt, die also mit den Ovoiden vergleichbar sind. Gewiß, die Coxiella-Bakterien sind nicht so schmal wie die Ovoiden, doch sie sind um einiges länger als breit. Es sind keine Fossilien, was ihre Entdeckung natürlich erschweren würde, sondern lebende Organismen. Wenn Coxiella-Bakterien auf der Erde überleben können und dies nachgewiesenermaßen auch tun (sie sind Krankheitsüberträger, was erklärt, warum sie trotz ihrer geringen Größe so gut erforscht sind), wie können wir dann ausschließen, daß die Ovoiden möglicherweise ehemalige Zellen sind?

Bei dieser Gelegenheit, sagt Anwalt Z weiter – wobei er vergißt, daß er seine Anmerkungen eigentlich auf das Thema der Mindestgröße für Leben hatte beschränken wollen –, lassen Sie mich, werter Herr Verteidiger, darauf hinweisen, daß wir nicht über mögliches jetziges Leben auf dem Mars diskutieren, sondern darüber, ob es dort vor Jahrmilliarden Leben gegeben hat. Der Mars besitzt heute in der Tat nur ein extrem schwaches magnetisches Feld, aber alle Experten sind sich darüber einig, daß er seinen Magnetismus erst mit der Zeit verloren hat. Das ist vermutlich darauf zurückzuführen, daß er über keinen eisenhaltigen Kern verfügt, der die Kraft des magnetischen Feldes ausmacht. Man ist sich einig, daß der Mars in der Vergangenheit über ein stärkeres magnetisches Feld verfügte, doch niemand weiß mit Sicherheit, wie stark dieses Feld vor Jahrmilliarden war. Wir dürfen deshalb die Existenz der magnetotaktischen Bakterien aufgrund einer Unbekannten – der Stärke des magnetischen Feldes zum Zeitpunkt der Karbonatbildung – nicht einfach ausschließen. Ich möchte ferner darauf hinweisen, könnte Anwalt Z hinzufügen, daß nichtbiologische Magnetitfunde auf der Erde gewöhnlich – beispielsweise in Lavaströmen – kleine Mengen Titan aufweisen. Weder pflegen die Bakterien, die Magnetit produzieren, dieses mit Titan anzureichern, noch weisen die magnetischen Mineralien in ALH 84001 Titan auf.

Erlauben Sie mir noch eine letzte Anmerkung, könnte Anwalt Z hinzufügen, während seine jüngeren Kollegen ihn bereits drängen, sich zu setzen, damit er die Aufmerksamkeit der Jury nicht über Gebühr strapaziert. Ich möchte kurz auf den Versuch meines sehr verehrten Kollegen eingehen, die Beweiskraft der PAHs durch den Hinweis zu erschüttern, daß man sie im gesamten Kosmos finde. Selbst die Verteidigung anerkennt, daß diese Kohlenwasserstoffe weder auf die Verunreinigung des Meteoriten im Labor noch auf seine Lagerung im Eis zurückzuführen sind. Sie gleichen nicht den PAHs in anderen Meteoriten, die nicht vom Mars stammen. Die in den Karbonatkügelchen nachgewiesenen PAHs gleichen nicht den Funden in gewöhnlichen Meteoriten, wohl aber den Arten, die bei der Zersetzung von Bakterien entstehen. Bedenken Sie ferner die räumliche Anordnung dieser Kohlenwasserstoffe. Sie treten konzentriert in bestimmten Sektionen der Karbonatkügelchen auf. Selbst Anwalt A als hervorragender Fürsprecher des nichtbiologischen Ursprungs dieser Moleküle kennt zugegebenermaßen keinen nichtbiologischen Prozeß, der solches verursachen würde.

Ich könnte noch weiter fortfahren, würde Anwalt Z sagen, aber ich will Ihre Geduld nicht länger strapazieren. Abschließend möchte ich anmerken, daß fünf Beweisstücke zusammen, von denen jedes einzelne für frühes Leben auf dem Mars spricht, tatsächlich beweiskräftiger sind als jedes für sich. Natürlich muß jeder von Ihnen selbst urteilen, doch ich fordere Sie auf, zugunsten des Lebens auf dem Mars zu entscheiden.

Erneutes Kreuzverhör: Die Temperatur, bei der sich die Karbonatkügelchen gebildet haben

Anwalt A ergreift nun seine letzte Gelegenheit, in diesem Fall Beweise vorzutragen. Er lenkt die Aufmerksamkeit der Jury wieder auf die Frage, wie sich die überaus wichtigen Karbonatkügelchen innerhalb des Meteoriten vom Mars gebildet haben.

Einwände seitens des Klägers, neue Beweise könnten nun nicht mehr zugelassen werden, weist er einfach zurück. Statt dessen macht er die Jury mit den Karbonat-Untersuchungen von Ralph Harvey und Harry McSween jr. bekannt, Geologen der Case Western Reserve University und der Universität Tennessee und Experten für die Auswertung von Mineralfunden in Meteoriten.

Bereits einen Monat bevor die Nachricht von ALH 84001 bekannt wurde, hatten Harvey und McSween einen Artikel in der Zeitschrift *Nature* veröffentlicht, worin sie die Zusammensetzung des Meteoriten analysierten. Immerhin zog dieser Gesteinsbrocken als ältester Fund vom Mars großes Interesse auf sich. Ihre Schlußfolgerungen standen in direktem Widerspruch zu der Arbeit von Christopher Romanek und seinen Mitarbeitern, denn sie setzten die Entstehungstemperaturen der Karbonate nicht bei null bis achtzig Grad Celsius an, sondern bei Temperaturen über 650 Grad Celsius. Harvey und McSween nehmen an, daß die Entstehung der Karbonate auf einen gewaltigen Stoß zurückzuführen sei, bei dem silikathaltiges Gestein – ähnlich zusammengesetzt wie Basalte aus eruptiertem Vulkanmaterial – mit extrem kohlenstoffhaltigen Flüssigkeiten in Berührung gekommen war. Unter bestimmten Umständen könnte ein solcher Zusammenprall Karbonate mit ähnlichen Farbstreifen hervorbringen wie in den Kügelchen von ALH 84001. Wenn die Karbonate auf diese Weise entstanden sind, wird Anwalt A vermutlich argumentieren, wird niemand glauben, daß sie irgend etwas mit Leben zu tun haben. Lassen wir die leidenschaftlichen Versuche beiseite, die Anwalt Z unternommen hat, um dieses Argument zu entkräften. Die Anzahl der verschiedenen Isotope läßt manchen Wissenschaftlern zufolge Rückschlüsse auf die Temperaturen zu, bei denen sich die Karbonate gebildet haben. Doch hierbei handelt es sich um komplexe, relativ weitschweifige Argumente, die niemanden zu überzeugen vermögen, der wie Anwalt A Gegenargumente zusammentragen kann.

Bitte prüfen Sie sorgfältig die Argumente des Klägers für Leben, mahnt Anwalt A die Jury zum Schluß. Anwalt Z behauptet, daß die PAHs in ALH 84001 mit den Zerfallsprodukten von Bakterien übereinstimmten. Doch hat er auch bewiesen, daß dies genau die Kohlenwasserstoffe sind, die sich beim Bakterienzerfall bilden? Nein, das hat er nicht. Und lassen Sie sich auch nicht vom Lieblingsspruch des Klägers «stimmt mit Lebensprozessen überein» in die Irre leiten. Bedenken Sie Sherlock Holmes' Grundsatz: Sie müssen alle Möglichkeiten ausschließen, bevor Sie eine unwahrscheinliche Schlußfolgerung ziehen. Ehe Sie schlußfolgern können, daß es früheres Leben auf dem Mars gegeben habe, müssen alle nichtbiologischen Erklärungen durch Beweismaterial ausgeschlossen werden können. Diese Beweise müssen Sie anfordern und auch erhalten.

Wie tief ist die Kluft zwischen Anklage und Verteidigung?

Wir möchten dem Leser die Schlußplädoyers des Klägers und der Verteidigung ersparen, die auf eine Zusammenstellung der gegensätzlichen Ansichten im Sinne von «ergibt in der Summe Leben» und «kann die Alternative nicht widerlegen» hinauslaufen würden. Wir möchten aber doch die Frage stellen, ob nicht das gesamte Argumentationsgebäude, das wir hier errichtet haben, hinfällig ist: Sind die Ansichten der Wissenschaftler, die das Beweismaterial von ALH 84001 begutachten, wirklich so diametral entgegengesetzt? Lassen sie sich also wirklich so klar in Befürworter und Gegner der Schlußfolgerung, es habe früheres Leben auf dem Mars gegeben, einteilen?

In einer Hinsicht ist der Vergleich mit einem Strafprozeß kraß unangemessen: Über die Gültigkeit wissenschaftlicher Folgerungen entscheidet kein Schwurgericht. Wissenschaftler wenden sich aneinander, und zwar an mit der Materie befaßte Kollegen. Wissenschaftler wollen keinen Prozeß gewinnen, sondern Beweise und Hypothesen liefern. Diese werden dann von Experten geprüft, zu deren Hauptaufgaben ausdrücklich die genaue und kritische Untersuchung aller Behauptungen gehört. In einer anderen Hinsicht treten jedoch Wissenschaftler durchaus als Anwälte auf. Der Erfolg eines jeden Forschers hängt davon ab, inwieweit seine Ergebnisse gültig sind. Das erfordert in den allermeisten Fällen die Bereitschaft, seine eigenen Ideen zu vertreten. Diese Argumente stehen nicht im regellosen Raum, es handelt sich tatsächlich um Streitgespräche und nicht um vergeistigte Symposien, die ohne Konsequenzen für die Teilnehmer ablaufen.

Selbst die flüchtige Begegnung mit den Hauptakteuren in dieser Debatte um früheres Leben auf dem Mars zeigt die Bandbreite der Persönlichkeiten und ihrer Bereitschaft, sich an der Argumentation aktiv zu beteiligen. Sie reicht mindestens vom reizbaren Ed Anders bis zu den sorgfältigen Aussagen eines Bill Schopf, den ich rücksichtslos zusammen mit Anders in das Verteidigerteam gesteckt habe. Im Klägerteam, wie ich es bezeichnet habe, sitzen ebenfalls verschiedene Repräsentanten wissenschaftlicher Diskussionen. Nicht einer von ihnen behauptet, das Beweismaterial für Leben auf dem Mars sei unanfechtbar. Indes, man kann leicht feststellen, daß viele von ihnen an die Beweiskraft von ALH 84001 glauben. Andererseits sind auch viele Wissenschaftler davon überzeugt, daß der Meteorit vom Mars keinerlei überzeugende Beweise für Leben enthalte; manche finden die Diskussion gar so überzogen, daß sie ans Lächerliche grenze. Alle Wissenschaftler stimmen jedoch darin überein, daß weitere Untersuchungen, vor allem auf dem Mars selbst, unbedingt zu mehr Klarheit beitragen werden.

Bei der Betrachtung eines typischen zwei bis drei Milliarden Jahre alten terrestrischen Gesteinsbrockens wird einen jeder Geologe bereitwillig über die geringen Chancen aufklären, hier irgendwelche Lebensspuren zu finden. Und doch wissen wir, daß es auf unserem Planeten zu jenem Zeitpunkt nur so von

Leben wimmelte. Es handelt sich hier um Sedimentgestein, das sich unter Wasser bildet, wo es langsam Fossilien anlagert. Kein einzelner vulkanischer Gesteinsbrocken der Erde enthält Beweise für früheres Leben. Es wäre daher schon ein außergewöhnliches Ereignis, wenn man in einem 4,5 Milliarden Jahre alten vulkanischen Gesteinsbrocken, der Karbonate enthält, die sich vor Milliarden von Jahren gebildet haben, überzeugendes Beweismaterial für früheres Leben auf dem Mars fände. Ich bin davon überzeugt, daß die Aussagen in den letzten vier Sätzen die Zustimmung aller in diesem Buch erwähnten Wissenschaftler finden werden. Nun muß man noch feststellen, ob jenes außergewöhnliche Ereignis auch eingetreten ist.

Um die Wahrscheinlichkeit der Existenz früherer Lebensformen auf dem Mars einschätzen zu können, sollten wir uns einmal mit ihren engsten Verwandten, den frühen Lebensformen auf der Erde, auseinandersetzen. Im nächsten Kapitel geht es um den Ursprung des Lebens und um die allgemeinen Voraussetzungen, die erfüllt sein müssen, damit Leben überhaupt entstehen kann. Wenn wir die Antworten auf diese Fragen hätten, wären wir ein gutes Stück weiter, was die Wahrscheinlichkeit der Existenz gegenwärtigen und vergangenen Lebens betrifft, auf dem Mars wie auf jedem anderen Planeten. Doch selbst das Wenige, das wir über den Ursprung des Lebens wissen, schärft unser Verständnis für die Wahrscheinlichkeit früheren Lebens auf dem Mars.

5 Der Ursprung des Lebens

Die Entdeckung außerirdischen Lebens wäre etwas so Unglaubliches, daß die meisten Menschen den Kosmos wohl voller Ehrfurcht und Staunen betrachten würden. Doch abgesehen von den rein emotionalen Aspekten wären wir mit der Entdeckung außerirdischen Lebens auch der Lösung einer brennenden Frage zum Thema Leben im Kosmos einen Riesenschritt nähergekommen: Inwieweit gleicht Leben im Kosmos dem auf der Erde?

Die Antwort auf diese Frage sollte letztlich klären, ob ähnliche Bedingungen in verschiedenen Welten auch zur Ausprägung ähnlicher Lebensformen geführt haben. Ähnlichkeiten könnten zum einen auf eine kosmische Saat zurückzuführen sein, wobei lebende Zellen unmittelbar von einer Welt in eine andere transferiert worden wären, zum anderen auf evolutionäre Prozesse, da ähnliche Umfelder meist dieselbe Art der Anpassung erforderlich machen. Der erste außerirdische, Leben bezeugende Fund – er mag noch so primitiv sein – wird sofort die Vergleichsgrundlage für Lebensformen zweier Welten schaffen. Mit etwas Glück wird dieser Vergleich rasch erweisen, ob die Theorie von der kosmischen Saat Bestand hat oder nicht. Zugleich stehen auch unsere Theorien vom Ursprung des Lebens und seiner Fortentwicklung auf dem Prüfstand. Doch wenn wir ernsthafte Spekulationen über das Leben auf einem anderen Planeten anstellen wollen, müssen wir zunächst die eine uns bekannte Lebensform – die irdische – näher betrachten. Unsere Schlußfolgerungen lassen sich dann vielleicht auf Leben im allgemeinen übertragen.

Die Bedeutung der DNS für das Leben auf der Erde

Das für das Verständnis von Lebensprozessen wichtigste irdische Molekül ist eine langkettige Struktur, die sogenannte DNS (Desoxyribonukleinsäure). Jedes DNS-Molekül besteht aus zwei ineinander verwobenen Spiralen, die durch Tausende von vernetzten Molekülpaaren innerhalb dieser Doppelhelix miteinander verbunden sind. Die jeweilige Abfolge der vernetzten Moleküle in der DNS bestimmt das Verhalten eines Organismus. Deshalb muß jeder Organismus über einen Mechanismus verfügen, um die in der DNS kodierte Information zu speichern und diese auch dann bewahren zu können, wenn sich seine Zellen vermehren. Unsere menschlichen Zellen zum Beispiel teilen sich fortwährend, allerdings mit unterschiedlicher Geschwindigkeit.

Wenn sich Zellen reproduzieren, teilt sich jedes DNS-Molekül in der Zelle wie ein Reißverschluß. Dadurch wird jedes der unzähligen miteinander vernetzten Moleküle gespalten, und es entstehen zwei separate Spiralstränge mit zahlreichen ungepaarten, vorspringenden Molekülen. Da sie in einem wahren Meer von Molekülen schwimmen, kann jede Spirale rasch ihren fehlenden Partner neu bilden, indem sie die fehlenden Teile der vernetzten Moleküle und zugleich auch den zweiten Spiralrükken anlagert. In diesem als Replikation bezeichneten Vorgang findet jede Hälfte der zuvor strickleiterartig miteinander verbundenen Paare nicht etwa per Zufall ihren fehlenden Partner. Bei diesem muß es sich um ein Molekül derselben Art handeln wie das vorherige, da es sonst nicht zwischen die neue und die alte Spirale paßt. Man kann sich diesen Vorgang etwa so vorstellen: Ein Blinder sucht aus einem Wäschekorb Sockenpaare zusammen, wobei er sich einzig und allein auf seinen Tastsinn verläßt, der ihm sagt, ob diese oder jene Socke genau zu der jeweiligen Socke in seiner Hand paßt. Durch diesen Replikationsvorgang entstehen nun zwei identische DNS-Moleküle, wobei sich jedes dieser «Tochtermoleküle» wieder teilen kann. Der Replikationsvorgang kann so oft wiederholt werden, wie es der Organismus erfordert, wobei jedesmal eine Matrize des Originals entsteht.

Da DNS-Moleküle sämtliche Funktionen lebender Zellen steuern, bildet ihre Replikation das Kernstück biologischer Reproduktion. Die Einzelheiten unserer DNS-Moleküle bestimmen zu einem Großteil, wer wir sind, wie wir sind und auch, wie unsere Nachkommen sein werden. Jeder Mensch hat einzigartige DNS-Moleküle, die man wie Fingerabdrücke identifizieren kann, worauf sich auch Kriminalisten bei ihrer Arbeit stützen. Hinterläßt ein Verbrecher beispielsweise einige seiner Zellen (bei Gewalttätigkeiten meist Blutzellen) am Tatort, so können DNS-Experten feststellen, ob das aufgefundene DNS-Material mit dem des Verdächtigen übereinstimmt oder nicht. Der Fehlerquotient ist hierbei so gering, daß man ihn getrost vernachlässigen kann. Dieses vermeintliche Wundermittel hat schon in bedeutenden Kriminalfällen eine Wende herbeigeführt.

Mutationen und Evolution

Während der DNS-Replikation kann es zu kleinen Veränderungen, sogenannten Mutationen, kommen. Sie sind teilweise zufallsbedingt, können aber auch das Ergebnis äußerer Einflüsse sein (zum Beispiel von Radioaktivität oder bestimmten giftigen Chemikalien). Als Ergebnis einer Mutation weist eines der Tochtermoleküle leichte Abweichungen vom Elternmolekül auf. Die meisten Mutationen bleiben entweder ohne Auswirkung auf den Organismus oder wirken sich sogar nachteilig auf dessen Überlebens- und Reproduktionsfähigkeiten aus, weshalb solche Organismen dann schnell sterben. Einige mutationsbedingte Veränderungen führen aber auch positive – weil überlebensfördernde – Verhaltensänderungen des Organismus herbei. Wenn es solchen Organismen gelingt, ihre Erbanlagen an ihre Nachkommen weiterzugeben, könnten diese «Mutationsträger» allmählich in ihrem Umfeld dominieren und neue Arten von Organismen produzieren.

Die Organismen, die sich erfolgreich fortpflanzen können, bestimmen den Evolutionsprozeß. Der Wettbewerb wird zwischen Vertretern einer jeweiligen Art ausgetragen, nicht zwischen verschiedenen Arten, wie man auf den ersten Blick vermuten könnte. Bei diesem Wettbewerb gewinnt der Organismus mit den meisten Nachkommen das Recht, seine Gene fortzupflanzen, und zwar auf Kosten der anderen Vertreter seiner Art. Charles Darwin erkannte als erster, daß Wettbewerb und Variation (das Ergebnis von Mutation) zur Herausbildung neuer Arten führen können. Seine Ergebnisse sind seither immer wieder verifiziert worden, doch haben Biologen heutzutage auch Einblick in die Molekülebene des Evolutionsprozesses.

Das Genom schreibt das Buch des Lebens

Im DNS-Molekül bestimmen die verschiedenen Abschnitte der vernetzten Molekülsequenz, welche Proteinmoleküle wie zusammengesetzt werden sollen. Spielt ein bestimmtes Protein für die Lebensfunktionen des Organismus eine zentrale Rolle, so bezeichnet man den für dieses Protein zuständigen Sequenzabschnitt als Gen. Die Anordnung aller vernetzten Moleküle im DNS-Strang eines Organismus macht dessen Genom aus: die Gesamtheit all seiner Gene. Das Genom schreibt das

«Buch des Lebens», die Geschichte von Wachstum und Funktionsweise jedes individuellen Lebewesens.

Um dieses Buch des Lebens schreiben zu können, hat die Natur vor Milliarden von Jahren den genetischen Code erfunden. Jeder Buchstabe dieses Codes besteht aus einer Sequenz von je drei vernetzten Molekülen in der DNS, die eine von zwanzig auf der Erde existierenden essentiellen Aminosäuren definieren. Um ein Protein zu beschreiben, sind im allgemeinen hundert bis fünfhundert Vernetzungen erforderlich, etwa hundert Buchstaben im genetischen Code. Je etwa hundert Buchstaben des genetischen Codes bilden die «Sätze», die wir Gene nennen; die Gesamtheit aller Sätze eines Organismus zusammengenommen definiert dessen Genom. Schon seit Jahrzehnten kennen Biologen das Prinzip des genetischen Codes und sind dabei, im Buch des Lebens vieler verschiedener Organismen zu lesen. Das «menschliche Genom-Projekt», ein Versuch, das gesamte den Menschen definierende Genom zu lesen, dürfte bereits im ersten Jahrzehnt des nächsten Jahrtausends vollendet sein.

Die Einheitlichkeit des Lebens auf der Erde

Allem Leben auf der Erde – der Gesamtheit aller lebenden Kreaturen vom Mammutbaum bis hin zur kleinsten Mikrobe – liegt ein Urprinzip des Lebens zugrunde. Mit dieser Aussage soll nicht gesagt werden, daß dieses gesamte Leben auf oder in der Nähe der Erdoberfläche existiert. Wenn Wissenschaftler sagen, daß es auf der Erde nur eine Art Leben gebe, meinen sie damit, daß alles Leben auf der Erde auf jeweils denselben chemischen Reaktionen zwischen jeweils denselben Molekültypen basiert. Proteine beispielsweise sind komplexe Moleküle, die unter lebenden Organismen weit verbreitet sind und sich aus jeweils zwanzig verschiedenen kleinen und einfachen Molekülen, den Aminosäuren, zusammensetzen. Obwohl es buchstäblich Tausende von Aminosäuren geben könnte – in Labors experimentiert man auch mit ihnen –, tauchen in keinem Proteinmolekül eines Organismus mehr oder andere als diese zwanzig essentiellen Aminosäuren auf.

Im Replikationsprozeß verwendet jede Lebensform auf der Erde die gleichen DNS-Moleküle. Die spezifische Anordnung der vernetzten Moleküle entlang der Spirale macht den Unterschied von einer Lebensform zur anderen aus, doch die Grundstruktur ist allen gemein: Vom Wal bis zur Bakterie bilden stets dieselben Arten von Molekülen das doppelte Rückgrat der Spiralen, und dieselben Arten von Molekülen sorgen für die strickleiterartige Vernetzung zwischen den Spiralen. Alle irdischen Lebensformen sprechen eine gemeinsame Sprache: Sie verwenden denselben genetischen Code, um ihre Instruktionen zu erteilen, und verfallen dabei weder in Akzente noch Dialekte. Die weltweite Übereinstimmung der DNS und des genetischen Codes, den sie verkörpert, ist ein beredtes Zeugnis der Einheit allen irdischen Lebens. Um diese Einheitlichkeit verstehen zu können, müssen wir erklären, wie das Leben auf der Erde entstanden ist und wie es diese *lingua franca* entwickelt hat. Der Schlüssel zu dieser Erklärung liegt bis zum Auffinden außerirdischer Lebensformen in den ältesten Funden terrestrischen Lebens.

Was wissen wir über die frühesten Lebensformen auf der Erde?

Die Ursprünge des Lebens auf der Erde bleiben ein Mysterium, doch im Laufe der Zeit hat sich unser Verständnis für ihre frühen Entwicklungsstufen und ihre Evolution vertieft. Da die Gene eines Organismus dessen Entwicklung kontrollieren, müssen alle evolutionären Veränderungen mit einer Genveränderung einhergegangen beziehungsweise von ihr bestimmt worden sein. Deshalb messen Biologen die Ähnlichkeit von Organismen, indem sie deren Gensequenzen auf Analogien untersuchen. Sie tun dies meist nicht, indem sie die DNS selbst untersuchen. Statt dessen wählen sie das eng verwandte RNS-(Ribonukleinsäure-) Molekül.

RNS-Moleküle, die den separaten DNS-Strängen ähneln, kopieren die genetische Information in den DNS-Molekülen. Ein bestimmtes RNS-Molekül (Messenger-RNS) überbringt die Information an die Orte, wo die Proteinsynthese stattfindet, während andere Arten (Transfer-RNS und ribosomale RNS) bei der Proteinsynthese helfen. Alle RNS-Arten lesen die Information in den DNS-Molekülen, die sozusagen die «Kopiervorlage» der Gensequenzen eines Organismus sind. In den letzten zwanzig Jahren haben Biologen die RNS-Moleküle von Tausenden verschiedener Organismusarten untersucht. In einigen Fällen ist es ihnen gelungen, das gesamte Genom zu lesen, also die vollständige Gensequenz, die alles hinsichtlich der jeweiligen Art bestimmt.

Um verschiedene Typen von Organismen zu vergleichen, deren Genmaterial gut dokumentiert ist, messen Biologen die Unterschiede zwischen ihren Genen und ermitteln so den evolutionären Abstand zwischen zwei beliebigen Arten von Organismen. Die Messungen dieser evolutionären Abstände, die in den letzten zwanzig Jahren durchgeführt wurden, haben unser Verständnis der Entwicklung irdischen Lebens revolutioniert. Das revolutionäre Umdenken begann mit der Arbeit von Carl Woese von der Universität Illinois, der dem Studium der RNS verschiedener Mikroorganismen viele Jahre widmete und schließlich das herrschende Modell der Entwicklung des Lebens widerlegte. Woese veröffentlichte seine wichtigsten Erkenntnisse Mitte der siebziger Jahre, doch sie haben erst in jüngster Zeit breite – wenn auch nicht vollständige – Anerkennung unter den Evolutionsbiologen gefunden.

Bevor Woese seine Arbeit publizierte, teilten die Biologen

irdisches Leben in zwei Klassen ein: Prokaryonten und Eukaryonten. Prokaryonten (griechisch: «Urkern») sind Zellen ohne einen deutlich vom Plasma abgegrenzten Nukleus, das heißt, kein bestimmter Teil der Zelle enthält ihre DNS-Moleküle. Eukaryonten (griechisch: «guter Kern») dagegen sind Zellen mit je einem Nukleus oder Zellkern, der durch eine Membran deutlich vom Plasma abgegrenzt ist und die DNS enthält. Diese Abgrenzung ermöglicht es Eukaryontenzellen, ihre DNS zu konzentrieren und weit mehr davon – oft zehn- bis tausendmal mehr – in jeder Zelle zu lagern als Prokaryontenzellen. Abgesehen von dem deutlich abgegrenzten Nukleus enthalten Eukaryontenzellen meistens noch andere abgetrennte Reaktionsräume, sogenannte Organellen («kleine Organe»), die für spezifische Aufgaben innerhalb der Zelle zuständig sind. Bakterien zählen zu den Prokaryonten, während Eukaryonten Menschen, Tiere, Pflanzen, Pilze, Schleimschimmelpilze und eine große Anzahl von Einzellern umfassen. Als Eukaryonten haben wir eine Vorliebe für sie und reagieren bereitwilliger auf komplexe, vielzellige Organismen. Im Biologieunterricht der Sekundarstufe behandelt man Prokaryonten meist im Schnellverfahren, um dann vielleicht 95 Prozent der Zeit den Eukaryonten zu widmen – obwohl Bakterien, also Prokaryonten, mehr als drei Milliarden Jahre lang die dominantesten und erfolgreichsten lebenden Organismen auf der Erde waren.

Der gesunde Menschenverstand läßt vermuten, daß sich Prokaryonten sehr viel früher als Eukaryonten entwickelt haben, da sie viel simpler strukturiert sind. Darüber hinaus gibt es die einleuchtende Hypothese, daß sich Eukaryonten aus Prokaryonten entwickelt hätten, indem sich mehrere verschiedene Prokaryontenzellen zu einer einzigen Eukaryontenzelle zusammenschlossen. Doch diese Folgerung hat Konkurrenz bekommen: Carl Woese wies nach, daß es noch einen dritten Grundtyp von Zellen gibt. Woese erkannte, daß einige der als Bakterien klassifizierten Organismen (der prototypischen Prokaryonten) RNS

Annäherung an den geheimnisvollen Planeten – Mitte, links. Der helle gelbe Stern unter dem Mars ist Aldebaran. Die Häufung von Sternen oben rechts sind die Plejaden. Der Mars und die Sterne wurden hier fotografisch verstärkt. (John Sanford/SPL/Keystone Press)

Der Mars vor ca. 3 Milliarden Jahren (oben) und heute (unten) – gemalte Darstellung. Offensichtlich hat der Planet drastische Klimaveränderungen erfahren. In der Frühphase gab es reichlich Wasser und mildere Temperaturen, während die Marswelt heute ausgedörrt und frostig ist. (David Morrison, Planetenwelten Spektrum Akademischer Verlag, Heidelberg 1995/ Michael Carroll).

Planet Mars, zusammengesetzt aus Fotos der Viking-Orbiter; Fokus auf das riesige Canyon-System Valles Marineris.
(US Geological Survey/SPL/Keystone Press)

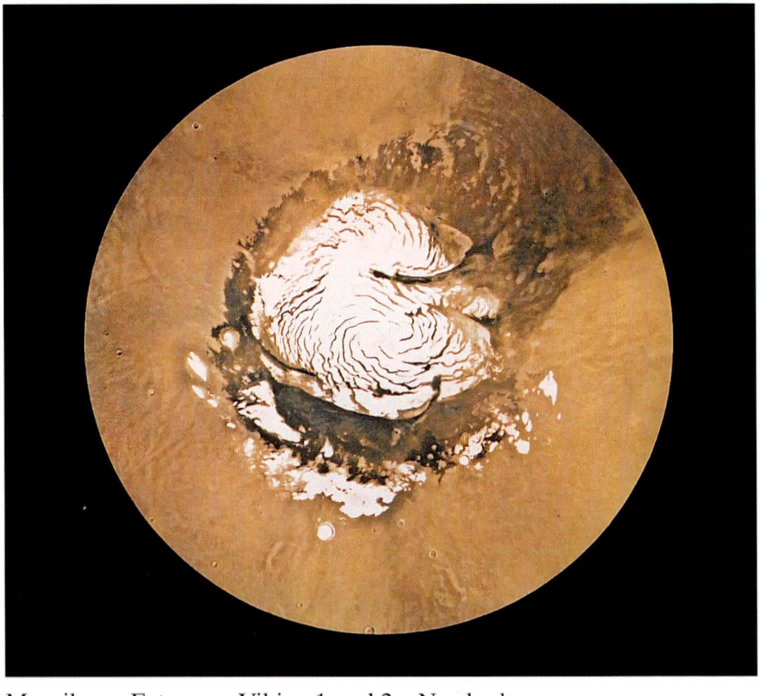

Mosaik aus Fotos von Viking 1 und 2 – Nordpol.
(US Geological Survey/SPL/Keystone Press)

Das Bild zeigt eine der Viking-Landefähren auf der Marsoberfläche (digital komponiertes Bild aus zwei Fotos). Daraus wird deutlich, wie schwierig das Aufsetzen der Viking-Landefähren auf dem von Felsen übersäten Marsboden war. (SPL/Focus)

Die staubige, felsübersäte Oberfläche des Mars, aufgenommen von der Landefähre von Viking 1. Dieses «Landschaftsbild» vom roten Planeten könnte man ähnlich wohl auch auf der Erde finden. Viking 1 und 2 erreichten den Mars im Juni und August 1976 nach rund 300 Tagen Flug von der Erde. (NASA/SPL/Keystone Press)

Morgennebel in Noctis Labyrinthus (Labyrinth der Nacht) des großen Canyon-Systems Valles Marineris. Kondensation von atmosphärischem Wasser auf dem sonst so trockenen Planeten. Das Foto deckt in der Breite eine Entfernung von ca. 1000 km ab. (NASA/Donald Goldsmith)

Viking-Orbiter-Fotos; Teilansichten von Valles Marineris zeigen eine komplexe geomorphologische Struktur. In Canyons und Kratern lassen sich Wolken und Nebel identifizieren. (NASA/SPL/Keystone Press)

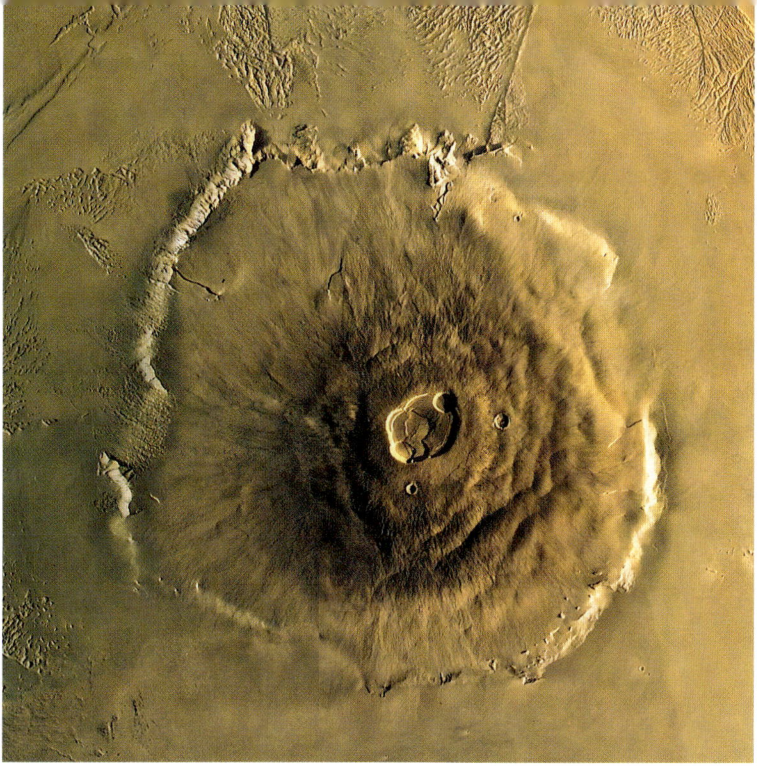

Der größte bekannte Vulkan des Sonnensystems, der Marsvulkan Olympus Mons, hat gigantische Ausmaße. Er erhebt sich ca. 26 000 m hoch über die umliegenden Flächen. Unten (gemalte Ansicht) als riesiger Tafelberg im Hintergrund. (US Geological Survey/SPL/Keystone Press – oben; A. Gragera/SPL/Keystone Press – unten)

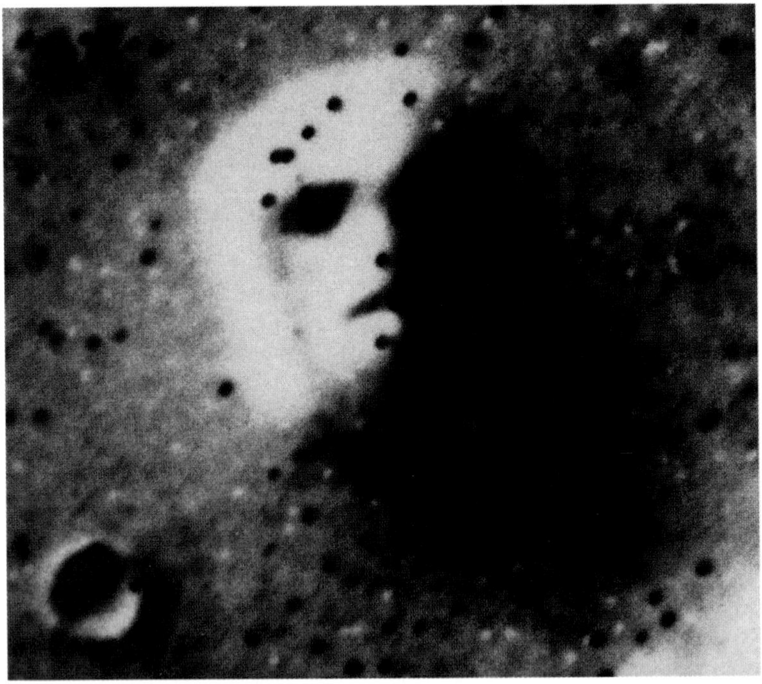

Die vielen Gesichter des Mars? Oben – Aufnahme des Viking 2-Orbiter: ein ungewöhnlicher Krater, ungefähr 8 km weit – die NASA-Wissenschaftler bezeichnen ihn als «das größte lachende Gesicht im Universum». Demnach wäre die gleichfalls 1976 von Viking aufgenommene «seltsame Formation» (unten) wohl eher als trauriges Gesicht zu bezeichnen . . . (NASA/SPL/Focus – oben; NASA/Starlight/Focus – unten)

Am 7. 8. 1996 von der NASA veröffentlichtes Foto des Meteoriten ALH 84001, der nach Schätzungen vor etwa 15 Millionen Jahren aus dem Mars herausgeschlagen und ins All geschleudert wurde, als auf dem Planeten ein Asteroid einschlug. ALH 84001 fand seinen Weg zur Erde und wurde 1984 in einem Eisfeld der Antarktis entdeckt. (NASA)

Mineralische Kohlenstoffablagerungen, die in ALH 84001 gefunden wurden – entweder die Reste oder die Produkte außerirdischer Mikroorganismen. (NASA/dpa)

Man nimmt an, daß der Meteorit ALH 84001 vor etwa 13 000 Jahren in die Antarktis gestürzt ist. Diese elektronenmikroskopische Aufnahme zeigt die Oberfläche der 0,7 bis 0,8 Mikrometer großen Strukturen des Meteoriten, aus denen die Wissenschaftler auf primitive, mikroskopisch kleine Lebensformen auf dem Mars vor ca. 3,6 Milliarden Jahren schließen. (NASA/dpa)

Neue Missionen zum Mars. «Mars Global Surveyor» (MGS) – oben – wird im November 1996 auf seine Reise zum Mars geschickt und dort in eine Umlaufbahn um den Planeten einschwenken. Seine Aufgaben: Daten sammeln, Vermessungen ausführen – beide Bilder sind gemalt. «Sojourner», eine Art Mars-Rover, wird von «Pathfinder» Ende 1996 mit auf den Weg zum Mars genommen werden. (NASA/SPL/Keystone Press)

Die Zukunft der Marserforschung hat schon begonnen. Ankunft der amerikanischen Mission «Pathfinder» – gemalte Szene. Näherung: links oben – Eintritt in die Marsatmosphäre; Mitte – Einschweben am Fallschirm; gegen den Aufprall bei der Landung wird die Sonde mit Airbags geschützt; unten – nach der Landung werden die Solarpaneele ausgebreitet. (Julian Baum/SPL/Keystone Press)

Teil der russischen Mars-Mission des Jahres 1996: «Mars-Penetratoren», wie sie der Künstler sieht – futuristisch anmutend. Diese Forschungsstationen werden von einem russischen Raumschiff in der Umlaufbahn auf die Oberfläche des Mars geschickt. Die 6 m langen Spitzen werden sich in den Marsboden bohren, die Station fest verankern und eine Vielzahl von Messungen, darunter auch seismische, möglich machen.
(David Ducros/SPL/Keystone Press)

enthalten, die sich extrem von RNS in Bakterien unterscheidet, und folglich nicht mit Prokaryonten in einen Topf geworfen werden dürfen. Statt dessen dürfen diese Organismen beanspruchen, als eine dritte Art lebender Organismen klassifiziert zu werden, die Woese Archaebakterien («uralte Bakterien») nannte, die heute aber Archaea heißen, um eine Verwechslung mit Bakterien zu vermeiden. Den Archaea fehlt genau wie den Prokaryonten ein von einer Membran umschlossener Zellkern in jeder Zelle, doch sie weichen so entschieden von Prokaryonten ab, vor allem, was ihre RNS-Sequenz betrifft, daß man sie zum dritten gesonderten «Superreich» des Lebens erklärt hat.

Aus Woeses Arbeiten folgerten die meisten Biologen, daß irdisches Leben, genau wie das alte Gallien, in drei Bereiche einzuteilen ist: Archaea, Prokaryonten und Eukaryonten. Messungen der evolutionären Abstände zwischen Vertretern dieser drei Bereiche führten dann zu einer erstaunlichen Schlußfolgerung: Eukaryonten sind mindestens so eng mit Archaea verwandt wie mit Prokaryonten! Eukaryonten stammen also keineswegs von Prokaryonten ab und sind mindestens so alt wie diese. Es ist sogar wahrscheinlich, daß sich Bakterien (Prokaryonten) als ein Zweig der Archaea-Eukaryonten-Linie herausstellen werden. Das Vorhandensein von Organellen in den meisten Eukaryontenzellen mag Biologen auf eine falsche Fährte gelockt haben, bis sie lernten, wie man die genetische Information in lebenden Zellen liest. Milliarden von Jahren nachdem die ersten Eukaryonten aufgetaucht waren, könnten Eukaryontenzellen durchaus Prokaryontenzellen in sich aufgenommen haben, doch der Ursprung der Eukaryonten reichte damit immer noch genauso weit zurück wie jener der ersten Prokaryonten.

Als Organisation mit dem Ziel, das gesamte menschliche Genom zu erfassen, verkündete das Institut für Genomforschung in Rockville, Maryland, im Sommer 1996 die erste vollständige Erfassung des Genoms eines Archaeons, des Methanococcus jannaschii genannten Organismus, den wir hier «M.j.» abkürzen. Das Genom von M.j. enthält 1738 Gene, ungefähr zwei Prozent der im menschlichen Genom schätzungsweise enthaltenen Gesamtzahl. Mehr als tausend dieser 1738 Gene gleichen keinem der Gene in Pro- und Eukaryonten. Die übrigen Gene zeigen tatsächlich, daß M.j. den Eukaryonten genetisch ähnlicher ist als den Prokaryonten.

Wovon leben diese M.j.-Organismen? Wie viele der Archaea sind sie hyperthermophil, das heißt, sie lieben extreme Hitze. M.j.-Organismen leben in der Nähe von Tiefseeöffnungen – sogenannten «Weiße-Raucher»-Gebieten, die noch vor kurzem völlig unerforscht waren. 1982 tauchte das zu Forschungszwekken eingesetzte Unterwasserboot Alvin, einer der mechanischen Helden biologischer Forschung, in der Nähe der Galapagosinseln 3,2 Kilometer tief in den Pazifischen Ozean, wo heißes Wasser durch seltsame wurmartige Kreaturen und riesige Matten hindurchströmt, die aus winzigen Organismen bestehen. In dem Material, das Alvin an die Wasseroberfläche beförderte, fanden Biologen einen neuen Organismus, den nun bekannten M.j., der bei Temperaturen zwischen fünfzig und neunzig Grad Celsius und bei Druckverhältnissen gedeiht, die unseren gewohnten atmosphärischen Druck um das Zweihundertfache übersteigen.

M.j. verträgt keinen Sauerstoff. Statt dessen verlangt er nach Kohlendioxid, Stickstoff, Wasserstoff, die alle von den weißen Rauchern, seinem Zuhause, ausgespien werden. Anstatt sich auf Sonnenenergie zu verlassen, holt sich M.j. die nötige Energie aus chemischen Reaktionen zwischen Wasserstoff und Kohlendioxid. Einige dieser Reaktionen produzieren Methan: Das «methano» in seinem Vornamen bezieht sich auf die Tatsache, daß M.j. als Nebenprodukt seiner Stoffwechselvorgänge Methan produziert, wie wir Kohlendioxid ausatmen oder Pflanzen Sauerstoff produzieren. Da Methan dem von uns als Brennstoff verwendeten natürlichen Gas sehr ähnelt, sollten die Stoffwechselprozesse dieses Organismus näher untersucht werden. Dieser seltsame Organismus sowie die ihm ähnlichen Archaea könnten uns letztlich bessere Wege aufzeigen, mit organischen, sauberen Verfahren natürliches Gas zu produzieren.

Aus ihrem Namen geht hervor, daß Archaea zu den ältesten irdischen Lebensformen zählen. Darüber hinaus fanden die Biologen bei der Bestimmung der evolutionären Abstände zwischen verschiedenen Typen von Archaea und Bakterien heraus, daß Archaea und thermophile – wärmeliebende – Bakterien sich am stärksten ähneln. Die meisten Archaea sind thermophil, die meisten Bakterien nicht. Obgleich wir uns vor voreiligen Schlüssen hüten sollten (man denke an die Theorie, daß sich Eukaryonten aus Prokaryonten entwickelt hätten!), springt folgender Schluß geradezu ins Auge: Die frühesten Lebensformen der Erde traten um die Tiefseeöffnungen herum auf, wo heißes Wasser, das die verschiedensten Arten einfacher Moleküle enthält, aus dem Meeresboden hervorströmt.

Diese Folgerung wird um so attraktiver, wenn man bedenkt, daß die junge Erde – unser Planet während der ersten fünfhundert Millionen bis eine Milliarde Jahren nach seiner Entstehung – viel mehr vulkanische Aktivität aufwies als heute. Das Vorhandensein von Archaea zeigt, daß Tiefseeöffnungen problemlos die Rohstoffe für Leben produzieren können, die einen Energievorrat in Form von potentiellen chemischen Reaktionen zwischen Wasserstoff und Kohlendioxid in sich bergen. Aus dieser Tatsache kann man umgekehrt schließen, daß Sonnenlicht – von uns üblicherweise als Voraussetzung für Leben angesehen – zwar als sehr nützliche, aber nicht als unentbehrliche Energiequelle angesehen werden sollte.

Wann begann das Leben auf der Erde?

Anderthalb Jahrhunderte lang haben Biologen versucht, das Alter unserer allerfrühsten Urahnen zu bestimmen. In den siebziger Jahren des 18. Jahrhunderts schürften Wissenschaftler an Bord des britischen Schiffes *Challenger* Schlammproben von den Ozeanböden, die viele phantastische am Boden lebende Meereslebewesen enthielten, aber nicht den ursprünglichen Schlick, jenen Urschleim, auf den alle Formen irdischen Lebens zurückgehen sollten und den zu finden einige der Wissenschaftler gehofft hatten. Heute wissen Biologen, daß die Suche nach dem Urschleim scheitern mußte, da sich der Planet seit der Entstehung ersten Lebens so sehr verändert hat, daß sich keine ursprünglichen Formen in den Ozeanen – oder irgendwo anders – halten konnten. Die offensichtlichste Veränderung ist wohl die «Verschmutzung» der Atmosphäre durch irdisches Leben mit Unmengen Sauerstoff, die von unzähligen blaugrünen Bakterien in den Ozeanen verursacht wurde. Diese «Verschmutzung», die sich vor ungefähr zwei Milliarden Jahren ereignete, vernichtete die meisten Arten anaerober (sauerstoffmeidender) Bakterien; einige fanden jedoch eine Zufluchtsstätte, zum Beispiel in unseren Mägen, in die kein Sauerstoff eindringt. Die Evolution hat die Erde in einen Planeten verwandelt, der sich von den Verhältnissen zum Zeitpunkt des Lebensursprungs vor vier oder mehr Milliarden Jahren radikal unterscheidet.

Wie können wir den Lebensursprung datieren? Die grundlegende Methode besteht darin, Felsgestein mit Fossilien zu finden und radiometrische (radioaktive Zerfalls-) Techniken anzuwenden, um das Alter des Gesteins zu bestimmen. Wenn wir sicher sein können, daß sich die Fossilien zusammen mit dem Gestein gebildet haben, funktioniert diese Methode gut. Das ist der Fall bei Sedimentgestein, das sich unter Wasser aus langsam sich absetzenden Schuttschichten gebildet hat. Bei vulkanischem Gestein ist die Sache problematischer, wie wir im Fall von ALH 84001 gesehen haben, da wir hier mit Sicherheit nur wissen, daß alles, was sich in das Gestein hineingearbeitet hat, dies nach der Gesteinsbildung tat.

Paläobiologen (Biologen, die frühe Lebensformen studieren) haben jetzt das Alter der ältesten bekannten Lebensformen mit mindestens 3,5 Milliarden Jahren datiert. Doch diese Lebensformen gelten kaum als die ersten auf der Erde. Zum einen, weil wir sie als Fossilien kennen, was bedeutet, daß sie Strukturen herausgebildet haben, die so ausgeprägt sind, daß wir sie Milliarden Jahre später erkennen können. Hinzu kommt, daß diese Fossilien aus Zellen bestehen, die in Ketten aneinandergereiht sind. Es gilt als sicher, daß frühere Lebensformen aus individuellen, nicht gebundenen Zellen und davor aus chemischen Gemischen bestanden, die nur locker in irgendeine Vorform der Zellstruktur eingeschlossen waren. Das älteste auf der Erde gefundene Gestein entstammt der Isua-Formation in Grönland und ist auf ein Alter von 3,8 Milliarden Jahren datiert worden. Jahrzehntelang haben Paläobiologen darüber diskutiert, ob das Isua-Gestein Fossilien enthält oder nicht, ohne zu einem sicheren Ergebnis zu gelangen. Die Nachricht von ALH 84001 wirft ein neues Licht auf diese Debatte, da die Karbonate des Marsmeteoriten zwar schwierig zu datieren, vielleicht aber ungefähr so alt sind wie das 3,8 Milliarden Jahre alte Isua-Gestein und die mit 3,5 Milliarden Jahren ältesten irdischen Fossilfunde.

Wie die Erde aussah, als das Leben begann

Wie waren denn nun die Bedingungen auf der primitiven Erde, diese «Wunderbrotjahre» vor 4,5 bis 3,8 Milliarden Jahren, als das Leben auf der Erde zu existieren und sich zu entwickeln begann? Da wir kein Erdgestein besitzen, das älter als 3,8 Milliarden Jahre ist, müssen unsere Schlußfolgerungen auf Spekulationen über die Bildung des Sonnensystems basieren, auf

Extrapolation aus Epochen, die unserer Zeit näher sind, sowie auf Informationen über das älteste Gestein im Sonnensystem: die Meteoriten (alle ungefähr 4,5 Milliarden Jahre alt), die ältesten Gesteinsfunde von der Mondoberfläche (ungefähr 4,2 Milliarden Jahre) und ALH 84001, den einzigen urzeitlichen Gesteinsbrocken vom Mars.

Hierdurch gewinnen wir ein Bild von der primitiven Erde, das sich von dem Planeten, wie wir ihn heute kennen, deutlich unterscheidet. Heute gibt es auf der Erde relativ fest abgegrenzte Kontinente und Meere; damals schob sich ständig vulkanisches Material durch die Meere nach oben, was aufgrund des Absinkens der darunter liegenden Kruste zur Zerstörung der mittelozeanischen Rücken führte. Heute sind wir relativ sicher vor drohenden Bombardements; damals stürzten alle paar Jahrhunderte riesige Brocken kosmischen Schutts auf die Erde nieder, und alle Jahrmillionen schlugen mehrere viel größere Objekte ein. Heute haben wir eine relativ stabile Atmosphäre (von menschlichen Aktivitäten abgesehen!), die hauptsächlich aus Stickstoff und Sauerstoff besteht; die Atmosphäre der primitiven Erde dagegen bestand hauptsächlich aus Kohlendioxid und Stickstoff und veränderte sich durch den Einschlag der Objekte deutlich. Das Ende des Zeitalters intensiver Bombardements – auf 3,8 bis 4 Milliarden Jahre vor der Jetztzeit datiert – markiert die letzten Stufen des Prozesses, in dem sich die Erde und die anderen Planeten herausgebildet haben und in dessen Verlauf sie bereits vor 4,5 Milliarden Jahren ihre Grundgrößen und -formen erhielten.

Durch die stärksten Einschläge auf die primitive Erde wie auch auf den primitiven Mars könnten bedeutende Teile der damals existierenden Atmosphäre in den interplanetaren Raum geblasen worden sein. Doch die Kometen, die mit der Erde und dem Mars kollidierten, versorgten die Planeten, auf die sie einschlugen, auch mit relativ leichten Verbindungen wie Eis und gefrorenem Kohlendioxid. Auf beiden Planeten mag die Frage, ob Leben entstanden ist und dann auch weiterhin existierte, davon abhängig gewesen sein, ob die letzten großen Einschläge mehr zur Zerstörung oder zum Erhalt der Atmosphäre und der flüchtigen Stoffe nahe der Planetenoberflächen beigetragen haben.

Aufgrund der Erkundung des Mondes durch den Menschen, die es Astrologen und Geologen erlaubte, viele Merkmale des Mondes zeitlich einzuordnen, dürfen wir das Ende des Zeitalters intensiven Bombardements mit einiger Gewißheit bei 3,8 Milliarden Jahren vor der Jetztzeit ansetzen. Dieses Datum markiert das Ende des Zeitabschnitts, in dem sich auf dem Mond die nun gefrorenen Lavaebenen und die meisten Krater formten; seit dieser Zeit hat es nur noch gelegentliche Einschläge gegeben. Indem wir diese Erkenntnisse extrapolieren, können wir sie auch auf die Geschichte von Erde und Mars anwenden. Diese Extrapolation erscheint annehmbar, weil die Bedingungen im gesamten inneren Sonnensystem – von der Umlaufbahn Merkurs bis zu der des Mars – in der Zeitspanne, in der sich das Sonnensystem ausbildete und die letzten heftigen kosmischen Schuttschauer auf die neu geschaffenen Planeten niedergingen, im großen und ganzen identisch gewesen sein müssen. Nach den ersten siebenhundert Millionen Jahren endete das Zeitalter intensiven Bombardements, weil fast aller Schutt, der von der Bildung des Sonnensystems übrig war, durch Einschläge aufgebraucht war oder aber stabile Umlaufbahnen erreicht hatte, die den Lauf der Erde um die Sonne nicht kreuzten. In den folgenden 3,8 Milliarden Jahren haben sich nur selten Einschläge ereignet; allerdings haben große Einschläge – etwa der «Dinosaurier-Killer» vor 65 Millionen Jahren – eine wichtige Rolle in der Evolutionsgeschichte gespielt, indem sie ökologische Nischen für die Überlebenden dieser Kollisionen freimachten.

Unter den rauhen und wechselnden Bedingungen auf der primitiven Erde mag das Leben nicht nur einmal, sondern immer wieder neu begonnen haben, um jedesmal wieder zerstört zu werden, wenn ein besonders großes Objekt einschlug. Das wird sich mit einiger Gewißheit so abgespielt haben, falls das Leben nur relativ kurze Zeit braucht – sagen wir, einige zehn Millionen Jahre –, um sich unter günstigen Bedingungen zu entwikkeln. Die siebenhundert Millionen Jahre auf der primitiven Erde können Dutzende solcher Zeitabschnitte umfaßt haben. Ebenso könnte, wenn durch die Einschläge Leben enthaltendes Gestein von der Erde zum Mars – oder vom Mars zur Erde – gelangte, ein solcher Austausch nicht nur einmal, sondern Dutzende, Hunderte oder sogar Tausende von Malen erfolgt sein, je nachdem, wie viele Gesteinsbrocken durch jeden Einschlag abgesprengt wurden. Selbst wenn bei den meisten dieser Übertragungen der Lebensfunke nicht übersprang, legt die große Zahl der interplanetaren Reisen von Gesteinsbrocken nahe, daß auf die primitive Erde durchaus Proben früher Mars-Lebensformen gelangt sein könnten – vorausgesetzt, daß es dort Leben gab –, während umgekehrt eine zwar kleinere, aber dennoch bedeutende Zahl lebenshaltiger Gesteine von der Erde den Mars erreicht haben dürfte. Andererseits hätte keiner dieser Gesteinsbrocken gute Chancen im Wettbewerb mit heimischen Organismen gehabt, die just unter den örtlichen Bedingungen entstanden wären, unter denen sie auch wachsen und sich weiterentwickeln sollten.

Der Ursprung irdischen Lebens

Nun, da wir die drei Typen irdischen Lebens identifiziert und für sie einen gemeinsamen Entstehungszeitraum vor 3,8 Milliarden Jahren bestimmt haben, können wir wie viele Menschen vor uns fragen: Wie begann das Leben auf der Erde? Die nackte Tatsache ist, daß wir es nicht wissen. «Es gibt unzählige Hypothesen», sagt John Baross, Experte für die ältesten Lebensformen. «Es gibt viele Szenarien. Um das richtige zu finden, suchen wir nach Coelacanthus, einer Art Urfisch, den man für ausgestorben hielt, bis Exemplare von ihm im Indischen Ozean gefangen wurden. Die Antwort auf die Frage nach dem Ursprung des Lebens könnte letztlich lauten, daß das Leben vielleicht in einem Meteoriten eingekapselt auf die Erde gekommen ist und bereits ein Genom wie etwa das der Archaea besaß. Oder aber die Archaea stehen der Form des ursprünglichen Lebens – wie es auf der Erde entstand – nahe und sind damit dem Urschleim so ähnlich, wie man nur hoffen kann.»

Einer der Bereiche, in denen die größte Unwissenheit hinsichtlich des irdischen Lebensursprungs herrscht, ist dessen Lokalisierung: Wir wissen nicht, ob das Leben in den tiefen Meeren begann, wo jetzt die Archaea leben, in den Übergangszonen zwischen Wasser und Land oder in anderen Umgebungen. Haben wir aber im Biologieunterricht der Sekundarstufe nicht gelernt, daß das Leben in warmen Teichen und in Gewässern begann, die den Gezeiten unterliegen? Wie die «Tatsache», daß sich Eukaryonten aus Prokaryonten entwickelt hätten, könnte sich auch die Theorie der gezeitenabhängigen Gewässer dank eines besseren Verständnisses der Verhältnisse auf der frühen Erde als unhaltbar herausstellen.

Das signifikanteste Merkmal der heutigen Erdoberfläche – seine Unterteilung in Land- und Wassermassen – gab es wahrscheinlich in der frühen Erdgeschichte nicht, weil die Erdkruste noch nicht ausreichend erstarrt war, um Kontinente tragen zu können. Daher sollten wir uns den gesamten Planeten etwa wie den heutigen mittelatlantischen Rücken vorstellen, wo vulkanisches Material nach oben drängt, wobei sich die Kruste langsam ausbreitet und Europa und Afrika weiter von Amerika getrennt wird. «Denken Sie an dicken vulkanischen Schlamm, der reich an organischem Teer ist», sagt Norman Pace, ein bekannter Mikrobiologe von der UCLA. «Das ist ein idealer Rahmen für chemische Prozesse an der Oberfläche von Mineralkörnchen, die Leben herbeiführen könnten.» Pace zufolge könnte jeder «hot spot» am Meeresboden ein Ort des Lebensursprungs gewesen sein. Auf irgendeine Weise hat das irdische Leben recht früh in seiner Entstehungsgeschichte neben den Archaea auch Prokaryonten und Eukaryonten hervorgebracht. In jenen längst vergangenen Zeiten, als die Kontinente der Erde noch nicht so stabil waren wie jetzt, wären die einzig wirklich stabilen Umgebungen die der Tiefsee gewesen.

Die Hypothese, daß sich Leben in vulkanischem Schlamm herausgebildet hat und nicht in «irgendeinem warmen kleinen Teich», wie Charles Darwin es sich vorstellte, muß ein Problem überwinden, das der Teich-Theorie weniger Schwierigkeiten bereitet: Wie verbinden sich kleine Moleküle zu größeren, vor allem, wie bilden sie die für irdisches Leben so typischen langkettigen Moleküle aus, von denen jedes Hunderte, wenn nicht Tausende kleinerer Moleküle enthält, die sich beständig wiederholen? Die Ränder und Böden von Teichen und gezeitenabhängigen Seen bieten ideale Bedingungen für große Moleküle, sich in langen Ketten zusammenzuschließen, vorausgesetzt, in diesen Becken gibt es einen ständigen zyklischen Trocken- und Naßperioden-Wechsel. Auch Schlammstellen in den tiefen Meeren bieten zwar Bedingungen, unter denen Wasser über eine solide Oberfläche rinnt und dabei auf zahlreiche kleine Körnchen stößt, an denen chemische Reaktionen bereitwilliger ablaufen. Doch es fehlt ihnen der periodische Wechsel von Austrocknung und Befeuchtung, der für die Ausbildung von langkettigen Molekülen an den Rändern von Teichen und Seen sorgt.

Wir sollten die dritte Möglichkeit des Lebensursprungs, daß das Leben anderen Welten entstammt, nicht ausklammern. «Für mich gibt es drei grundlegende Arten, wie Leben auf der Erde entstanden sein könnte», sagt Leslie Orgel vom Salk Institute in San Diego, Kalifornien. «Erstens, Leben ist durch Kometen oder Meteoriten übertragen worden. Ein zweiter Ansatz liegt vielleicht im Miller-Urey-Experiment [Modell des gezeitenabhängigen Sees]. Die dritte Möglichkeit: Das Leben könnte in den Tiefseeöffnungen begonnen haben.» Bis jetzt sind diese drei Ansätze denkbar. Falls wir extraterrestrisches Leben finden und seine Ähnlichkeit mit irdischem Leben sowie seinen ungefähren Ursprung bestimmen können, dürften wir umfangreichere Folgerungen anstellen, was die Leichtigkeit der Entstehung von Leben im Kosmos betrifft. Der Ort, an dem wir Leben finden, dürfte uns zugleich enthüllen, welche Theorie des Lebensursprungs stichhaltig ist. Der Meteorit vom Mars scheint uns näher an diese Erkenntnis heranzuführen, aber noch müssen wir auf seine Ankunft warten.

Wie lange braucht das Leben, um auf einem Planeten mit günstigen Bedingungen zu entstehen?

Die Geschichte der Erde ist vor allem die eines belebten Planeten, die sich über mindestens 3,5 Milliarden der insgesamt 4,5 Milliarden Jahre erstreckt. Da die 3,5 Milliarden Jahre alten Fossilien bereits ein gewisses Maß an evolutionärer Entwicklung aufweisen, können wir mit einiger Sicherheit folgern, daß das Leben, falls die Erde ein repräsentatives Beispiel darstellt, weniger als fünfhundert Millionen Jahre braucht, um in einer günstigen Umgebung zu entstehen. Könnte Leben auch viel schneller entstehen, sagen wir, in hundert Millionen Jahren? Oder in zehn Millionen? Die letztgenannte Zahl schließt immer noch die Möglichkeit ein, daß das Leben mehrfach begann und wieder unterging – auf der Erde und möglicherweise auch auf anderen Planeten. Komplexe Moleküle sind meist zerbrechlich; daher könnte sich die Frage, ob letztlich Lebewesen aus ihnen entstehen, anhand der allgemeinen Regel «Nutze sie oder verliere sie» entscheiden. Es könnte sein, daß sich auf einem Planeten, auf dem nicht innerhalb von ein paar tausend – oder ein paar Millionen – Jahren

Leben entsteht, dieses nur dann bilden wird, wenn sich die Bedingungen wesentlich verändern.

Aufgrund der evolutionären Abstände zwischen verschiedenen Archaea-Typen wissen wir, daß sich die frühesten irdischen Lebensformen nur sehr langsam entwickelten. Das leuchtet insofern ein, als erst das Aufkommen verschiedenartiger Lebensformen den Wettbewerb unter den Organismen verschärft haben dürfte, der die gesamte Evolution vorantreibt. Wie bereits oben erwähnt, vermitteln uns die Archaea eine weitere wichtige Lektion hinsichtlich der frühesten Formen irdischen Lebens. Sie alle waren thermophil, wärmeliebend. «Das frühe Leben war gekennzeichnet durch hohe Temperaturen und langsame Entwicklung», sagt Norm Pace gerne. «Und es gibt noch einen anderen alten Mythos, der sich aufgelöst hat. Frühes Leben war autotroph, das heißt, es konnte für seine eigene ‹Nahrung› sorgen und war nicht auf das Auffinden herumschwebender Nahrungspartikel angewiesen. Natürlich bestand diese ‹Nahrung› hauptsächlich aus Wasserstoff und Kohlendioxidmolekülen, und die Organismen wandelten sie in Methan um, genau wie ähnliche Methanogene es heute tun.»

Falls Ihnen die Neuigkeiten von den Archaea schwer im Magen liegen, bedenken Sie bitte, daß die Wissenschaft noch vor wenigen Jahrzehnten überhaupt keine Archaea kannte. Wir sollten daraus lernen, nicht vorschnell zu glauben, daß wir über alle nötigen Informationen verfügen, um das Rätsel des Lebensursprungs lösen zu können. Wenn wir das jedoch weiterhin anstreben, haben wir, von den Funden und der Analyse der ältesten irdischen Lebensformen abgesehen, noch ein anderes Eisen im Feuer: Wir können versuchen, selbst Leben zu schaffen.

Simulation des Lebensursprungs: Das Miller-Urey-Experiment

Weder die Hypothese vom gezeitenabhängigen See noch das Ozeanschlamm-Modell kann bislang alle Fragen hinsichtlich des Lebensursprungs beantworten. Wenn Biologen die Frage nach der Entstehung des Lebens diskutieren, kommen sie unweigerlich auf den besten wissenschaftlichen Versuch zu sprechen, Leben aus der Retorte zu erschaffen: das Miller-Urey-Experiment. Keine fünf Minuten vom Fußballstadion der Universität Chicago entfernt, wo Enrico Fermi 1943 die erste von Menschen kontrollierte Kettenreaktion überwacht hatte, arbeitete der Chemie-Nobelpreisträger Harold Urey ein Jahrzehnt später mit dem graduierten Studenten Stanley Miller daran, auf der Erde «präbiotische» Bedingungen zu schaffen. Miller hatte dieses unkonventionelle Experiment vorgeschlagen. Indem er zusagte, allenfalls ein Jahr darauf zu verwenden, war es ihm gelungen, Ureys anfängliche Einwände auszuräumen, daß nichts dabei herauskommen und Miller nur Zeit vergeuden würde, die er für seine Promotion brauche.

Miller und Urey wollten die Bedingungen simulieren, die vor vier Milliarden Jahren auf der Erde herrschten, und bauten zu diesem Zweck ein geschlossenes System aus zwei Glaskolben, einem oberen und einem unteren, die mit zwei Röhrchen verbunden waren. Sie füllten den unteren Kolben zum Teil mit Wasser, um die Ozeane nachzubilden, und injizierten über dem Wasser ein Gasgemisch aus Methan, Ammoniak, Wasserstoff und Wasserdampf, das wesentliche Bestandteile der primitiven Atmosphäre der Erde nachahmte. Miller und Urey erhitzten dann das Wasser, wobei Dampf entstand, der einen Teil des Gasgemischs durch eines der Röhrchen in den oberen Kolben drängte. Dort bekam das Gas einen Energieschub in Form einer elektrischen Entladung, wie beim Entladen von Blitzen auf der Erde; auch Sonnenstrahlung und Wellenbewegung versorgen jedes Gasgemisch in der aktuellen Atmosphäre mit Energie. Im letzten Schritt des Experimentes senkten sich einige der Gase durch das zweite Röhrchen ab, wobei sie erst durch einen Kondensator und dann zurück in den unteren Kolben geleitet wurden. Auf diese Weise reproduzierte das Miller-Urey-Experiment den irdischen Wasserkreislauf, wobei die Mixtur in ihrem gasförmigen Zustand einen Energie-Input erhielt.

Miller und Urey lehnten sich zurück und beobachteten ein paar Tage lang das Experiment. Im weiteren terrestrischen Umfeld fegte damals eine antikommunistische Hysteriewelle durch die Vereinigten Staaten, genährt durch den unerfreulichen Ausgang des Koreakrieges und die Furcht vieler Amerikaner, ihre Rolle als führende Weltmacht zu verlieren. Wer weiß, was die Medien aus Informationen über das Projekt von Miller und Urey hätten machen können, verführt vom Klischee des Wissenschaftlers als wahnsinnigem Killer! Vielleicht wäre nicht einmal Ureys Ruf als einschlägiger Antikommunist (er war ein großer Befürworter von Hinterhof-Luftschutzbunkern als Schutz bei einem sowjetischen Atomangriff) gegen das Image des verrückten Wissenschaftlers angekommen. So aber kamen die einzigen Bedenken von skeptischen Chemikern. Einer von ihnen fragte Urey einmal auf einem Seminar: «Was wollen Sie finden?» Urey antwortete: «Beilstein!», womit er sich auf den Autor des klassischen *Handbuchs der organischen Chemie* bezog, das als einzelner Band anfing und nun mehrere hundert Bände zählt, allesamt den Eigenschaften der als «organisch» klassifizierten Molekülverbindungen gewidmet, die Kohlenstoffmoleküle als Schlüsselelemente enthalten.

Was sind die Ergebnisse des Miller-Urey-Experimentes? Nicht sämtliche Beilstein-Verbindungen, aber Schlamm aus vielen verschiedenen Molekülen, unter ihnen eine relativ große Anzahl von – Aminosäuren! Aminosäuren, die «Bausteine» irdischen Lebens, sind relativ kleine Moleküle, bestehend aus 13 bis 27 Atomen. Sie sind miteinander verkettet, um viel größere

Proteinmoleküle zu bilden, die jeweils aus mehreren hundert Aminosäuremolekülen bestehen. Die Atome in Aminosäuremolekülen sind hauptsächlich Wasserstoff, Kohlenstoff, Sauerstoff und Stickstoff, die häufigsten Atomarten des Universums – abgesehen von Helium und Neon, die keine Moleküle bilden – und bereits auf der frühen Erde in großen Mengen vorhanden. Aufgrund der Tatsache, daß alle Proteine lebender irdischer Organismen aus Aminosäuren bestehen, können wir schließen, daß die Interaktion zwischen Aminosäuren zum Zweck der Proteinsynthese einer der wesentlichen Vorgänge sein muß, die Leben hervorrufen.

Warum sind Proteine so wichtig? Sie machen – Wasser abgerechnet – mehr als die Hälfte der Masse lebender Zellen aus. Innerhalb dieser Zellen sind Proteine für eine erstaunliche Fülle von Aufgaben zuständig, darunter strukturelle Unterstützung, Energiespeicherung, Informationstransfer, Bewegung, Abwehr fremder Substanzen und Beschleunigung bestimmter chemischer Prozesse (diese speziellen Proteine heißen Enzyme). Proteine zählen zu den komplexesten bekannten Molekülen mit sehr unterschiedlichen Formen und Größen; der menschliche Körper funktioniert mit Hilfe von Zehntausenden verschiedener Arten von Proteinmolekülen, von denen jede eine spezielle Aufgabe hat. Trotzdem setzen sich diese Proteinmoleküle nur aus insgesamt zwanzig Aminosäuren zusammen.

Um zu sehen, was das Leben mit den Aminosäuren macht, können wir uns ein Kind vorstellen, das mit einem gewaltigen Satz Bausteinen spielt. Dieser enthält genau zwanzig verschiedene solche Steine, und jeder ist mit einem Buchstaben des Alphabets versehen. Wenn das Kind «Sätze» legt, die je Hunderte von Buchstaben lang sind, ergeben die meisten von ihnen vermutlich keinen Sinn. Hinsichtlich ihres Nutzens für lebende Zellen gilt das gleiche für wahllos zusammengefügte Aminosäureketten. Doch ein paar ausgesprochen komplexe Permutationen werden außerordentlich wichtig sein. Wenn das Kind zufällig buchstabieren sollte: «Die wichtigste biologische Basisinformation auf Molekularebene ist die Tatsache, daß sich nur zwanzig Aminosäuren verbinden, um alle Typen von Proteinen zu bilden», hätte es etwas ähnlich Komplexes vollbracht wie ein lebender Organismus, der ein einziges großes Proteinmolekül aus verfügbaren Aminosäuren aufbaut.

Wenn man erfährt, daß das Miller-Urey-Experiment zwar Aminosäuren hervorgebracht hat, aber keine Proteinmoleküle, kann man mindestens auf zweierlei Weisen reagieren. Man kann erstaunt darüber sein, wie Miller und Urey es waren, daß überhaupt erhebliche Mengen Aminosäuren produziert wurden. Oder man sinnt darüber nach, warum der Prozeß der Bildung komplexer Moleküle in diesem irdischen Urzeitmodell nicht über die Aminosäuren hinauskam und keines der entstandenen Moleküle mehr als elf Kohlenstoffatome oder fünfzehn Wasserstoffatome oder vier Sauerstoff- oder Stickstoffatome enthielt. Das ist selbst vom Komplexitätsgrad der einfachsten bekannten irdischen Lebensformen noch weit entfernt – aber ist es genauso weit von der Mindestkomplexität entfernt, die für die Entstehung von Leben erforderlich ist?

Wie wir gesehen haben, führte die Analyse von ALH 84001 zu der Frage: «Welche Moleküle sind mindestens erforderlich, damit Leben entsteht?» Experimente wie das von Miller und Urey entwickelte können diese Frage vielleicht eines Tages beantworten.

Aminosäuren in Meteoriten

Im Miller-Urey-Experiment wurden Aminosäuren erzeugt, aber letztlich entstand kein Leben aus der Retorte. Ebenso ist die Entdeckung von Aminosäuren in einem Meteoriten, so atemberaubend sie uns auch anmuten mag, kein Beweis für Leben im interplanetaren Raum.

Am 28. September 1969 schlug ein Meteorit in der Nähe von Murchison, Australien, ein. Man erkannte bald, daß er zu der primitivsten Klasse karbonhaltiger Chondriten und somit zu den ältesten Materieverbindungen gehörte, entstanden vor mehr als 4,5 Milliarden Jahren, als sich das Sonnensystem zu bilden begann. Bei Untersuchungen der Verbindungen im Inneren des Meteoriten wurden 74 verschiedene Arten von Aminosäuren sowie fünf jener kleinen Moleküle nachgewiesen, die für die Verkettungen bei DNS und RNS zuständig sind. Die Möglichkeit der Verunreinigung wurde ausgeschlossen, da man den Meteoriten gerade erst entdeckt hatte und die Aminosäuren tief in seinem Innern waren; wenige Jahre später wurden Aminosäuren auch in einem ähnlichen Objekt, dem Murray-Meteoriten, gefunden.

Dennoch scheint festzustehen, daß die Aminosäuren im Murchison- und im Murray-Meteoriten keinen belebten Welten entstammen. Diese Folgerung basiert auf der Tatsache, daß die meisten Aminosäuretypen in einer von zwei Varietäten auftauchen können, die einander wie Spiegelbilder oder wie ein linker und ein rechter Handschuh gleichen. Das Leben auf der Erde basiert einzig auf einer dieser zwei Varietäten, der linkshändigen, während die rechtshändige im irdischen Leben keine Rolle spielt. Das hat sich so entwickelt, da chemische Reaktionen effizienter sind, wenn nur Moleküle einer «Händigkeit» beteiligt sind. Als das Leben begann, besaß der eine «Händigkeitstyp» wahrscheinlich ein geringfügiges und zufällig entstandenes numerisches Übergewicht. Da der zahlenmäßig stärkere Typ mehr Moleküle seines eigenen Musters produzieren konnte, errang er in diesem archaischen Wettstreit die Vorherrschaft über sämtliche terrestrischen Lebensformen.

Die Biologen rechnen damit, daß jede Lebensform im Universum entweder auf linkshändigen oder auf rechtshändigen Aminosäuren oder auf deren funktionalen Äquivalenten basiert. Dagegen müßten in nichtbiologischen Prozessen ebenso viele links- wie rechtshändige Moleküle entstehen, was sich bei der

Untersuchung des Murchison- und des Murray-Meteoriten auch bestätigte. Die «Händigkeit» der Aminosäuren ist daher ein Schlüsseltest bei der Entscheidung, ob es sich um Lebensformen handelt oder nicht. Einem «Kläger», der aufgrund von Aminosäurefunden auf «Leben» plädiert, kann die «Verteidigung» antworten: Wenn der Handschuh nicht paßt, müssen Sie freisprechen. Mischungen mit gleichen Anteilen beider Typen beweisen jenseits jeden berechtigten Zweifels einen nichtbiologischen Ursprung, während Dominanz des einen Typs gegenüber dem anderen ein starkes Indiz für biologische Selektionsvorgänge darstellt. David McKay und seine Kollegen testen derzeit, ob ALH 84001 Aminosäuren enthält. Achten Sie auf Neuigkeiten, und vergessen Sie nicht, falls der Meteorit Aminosäuren enthält, zu fragen, welchem Typus die Moleküle angehören.

Wie gut ist es Miller und Urey gelungen, experimentell die urzeitliche Erde zu simulieren?

Heutige astronomische Theorien von der primitiven Erde unterscheiden sich deutlich von den Vorstellungen, die man noch vor vierzig Jahren hegte. (Überdies lehren uns die Marsfunde, nicht voreilig zu folgern, daß irdisches Leben auf unserem Planeten entstanden sei; vielleicht entstammt es ganz anderen Bedingungen als denen der primitiven Erde und einem weitentfernten Ort im interplanetaren oder interstellaren Raum.) Mittlerweile geht man vor allem von einem deutlich geringeren Wasserstoffgehalt in der Atmosphäre der primitiven Erde aus. Während Miller und Urey bei ihrem Experiment einen relativ hohen Wasserstoffgehalt simulierten, deuten die meisten Forschungsergebnisse heute auf eine relativ wasserstoffarme Atmosphäre hin, die wesentlich mehr Kohlenmonoxide und Kohlendioxide enthielt. Bei Experimenten mit dem Modell einer wasserstoffarmen Atmosphäre konnten viele lebenswichtige Moleküle produziert werden, allerdings keine der Aminosäuren, die beim Miller-Urey-Experiment überraschenderweise erzeugt wurden. Bei diesen späteren Experimenten entstand allerdings Wasserstoffzyanid in größeren Mengen, eine Verbindung, die Aminosäuren zu erzeugen vermag, wenn sie in Flüssigkeiten ähnlich den irdischen Urozeanen schwimmt und ultravioletter Strahlung ausgesetzt wird. Da die primitive Atmosphäre der Erde keinen Schutz gegen solare ultraviolette Strahlung bot, entsprechen die Bedingungen auf der primitiven Erde jenen der meisten aktuellen Modelle, die zumindest die Entstehung von Aminosäuren begünstigen.

Eine wichtige Lehre aus dem Miller-Urey-Experiment, das in verschiedenen Varianten durchgeführt wurde, lag in der Demonstration, daß – unabhängig von der atmosphärischen Zusammensetzung – der Prozeß nur deshalb in Gang kommen konnte, weil es in der urzeitlichen Atmosphäre keinen Sauerstoff gab. Sauerstoff verhindert die Bildung von Aminosäuren und selbst die Entstehung ihrer Vorläufer in einer Mischung aus Methan, Wasserstoff, Ammoniak und Wasserdampf: Sauerstoff war Gift für jedes entstehende Leben. Da unsere eigene Existenz auf Sauerstoff beruht, bereitet es uns vielleicht Schwierigkeiten, ihn als Gift zu betrachten, aber die Eigenschaft, die Sauerstoff so nützlich macht – seine Bereitwilligkeit, sich mit vielen einfachen Atomen und Molekülen zu verbinden, genannt Oxidation – ist äußerst problematisch für jedes chemische System: Dessen Prozesse werden unterbrochen, wenn sich Sauerstoffatome der Moleküle bemächtigen und mit ihnen verbinden. Wenn wir uns Oxidation als extrem schnellen Verrostungsprozeß vorstellen (und tatsächlich ist sie nichts anderes), dann erkennen wir, daß sie jeden Organismus zerstören muß, der nicht auf die Aufnahme von Sauerstoff vorbereitet ist. Vor zwei Milliarden Jahren, als mikroskopische Organismen begannen, große Mengen Sauerstoff in unsere Atmosphäre zu entlassen, mußten andere Lebensformen vor dieser «Verschmutzung» Schutz suchen, sich anpassen oder untergehen. Menschen und Tiere entstanden durch positive Anpassung an den Sauerstoffgehalt in der irdischen Atmosphäre; sie entwickelten die Fähigkeit, Sauerstoff nicht als Gift anzusehen, sondern für ihren Stoffwechsel zu verwenden.

Die erfolgreiche Entstehung, das Überleben, die Diversifizierung und Evolution des irdischen Lebens führen uns zu der Frage: Welche Bedingungen müssen bestehen, damit ein ähnlicher Prozeß an einem anderen Ort im Universum möglich ist? Und wie häufig liegen diese Bedingungen vor? Auf die Gefahr hin, abgedroschen zu klingen, müssen wir zweierlei antworten: «Wir wissen es zum gegenwärtigen Zeitpunkt nicht», und: «Finden wir andere Lebensformen, dann wissen wir sehr bald erheblich mehr.» Wenn uns die Entdeckung außerirdischen Lebens Einblicke in die Ursprünge des Lebens ermöglicht, werden wir auch eine plausible Antwort hinsichtlich der «kosmischen Saat» finden: Wanderte das Leben von Planet zu Planet, oder entstand es in verschiedenen Welten jeweils aus eigener Kraft?

Panspermie

1903, zu einer Zeit, als sich das allgemeine Interesse an Leben auf dem Mars durch Percival Lowells Mars-Beobachtungen in ungeahnte Höhen steigerte, schrieb ein schwedischer Chemiker namens Svante Arrhenius einen Artikel für die deutsche Zeitung *Die Umschau.* Dort stellte er die These auf, in Sporen enthaltenes Leben könne durch den interplanetaren und sogar durch den interstellaren Raum reisen und neue Lebensformen erzeugen, falls die Sporen auf günstige Bedingungen stießen. «So gesehen», schrieb Arrhenius, «ist es wahrscheinlich, daß die Lebewesen auf allen Planeten miteinander verwandt sind und daß Planeten, die organischem Leben Schutz bieten können, bald darauf mit solchem organischen Leben besiedelt sein werden.» Den Ursprung solchen Lebens festzustellen, erkannte Arrhenius, wäre allerdings noch schwieriger als die Erforschung des Lebensursprungs auf unserem eigenen Planeten. Arrhenius' Theorie der kosmischen Saat wurde später «Panspermie» genannt, ein heikles Wort, das wir möglichst vermeiden wollen, da es eher Bilder von Klaus Kinski beschwört. Für viele Jahre in den Bücherregalen verschwunden, erlangte die kosmische Saat erneute Popularität, als die Meldung von ALH 84001 um die Welt raste und Richard Zare zu der Bemerkung veranlaßte, daß wir alle vom Mars stammen könnten. Tatsächlich könnten etwaige Marsianer unseresgleichen sein, falls ein Stein mit lebenden Organismen von unserem Planeten den urzeitlichen Mars erreichte und mit irdischem Leben befruchtete.

Können Lebenskeime eine Jahrmillionen dauernde interplanetare Reise überleben, eingeschlossen in einem Stein wie ALH 84001? Überraschenderweise könnte die Antwort positiv ausfallen. Einige irdische Bakterien sind in der Lage, unendliche Zeit im «Wartezustand» zu verbringen, ausgetrocknet und absolut funktionslos, aber imstande, ihre bakteriellen Pflichten wieder zu erfüllen, wenn sie erneut Wasser und Wärme ausgesetzt werden. (Natürlich umfassen derartige Experimente bisher nur Zeiträume von einigen Jahren, nicht Jahrtausende oder Jahrmillionen.) Ultraviolette Strahlung im Raum stellt ein Gesundheitsrisiko dar, aber Organismen im Innern eines mehr als kieselsteingroßen Meteoroiden finden bereits wenige Zentimeter unter der äußeren Schicht des Steins absoluten Schutz. Kosmische Strahlen – schnell fliegende Partikel überall im interplanetaren Raum – können natürlich auch schlafende Bakterien verletzen oder zerstören, aber sie dringen nur wenige Zentimeter tief in Gestein ein.

Im Inneren jedes Meteoroiden mittlerer Größe fände das Leben somit hinreichenden Schutz. Während einer interplanetaren Reise ginge die größte Gefahr wahrscheinlich von Radioaktivität im Innern des Steins aus. Die Masse eines typischen Meteoroiden enthält eine geringe Anzahl radioaktiver Kerne, darunter radioaktive Isotope von Uran, Thorium, Rubidium und Kalium. Der Zerfall dieser im Objekt verteilten Kerne produziert beschleunigte Partikel, viele davon Elektronen, die schließlich sämtliche Organismen töten könnten. Aber auch wenn Meteoroiden normalerweise – wie ALH 84001 – Millionen von Jahren brauchen, um von einem Planeten zum anderen zu gelangen, könnten einige von ihnen das Glück haben, in die exakt richtige Bahn geschleudert zu werden und die Reise in nur wenigen Jahrtausenden zurückzulegen. In diesem Fall könnten in dem Objekt ruhende Organismen die Auswirkungen der Radioaktivität überleben.

Zielgerichtete Panspermie

Die Entdeckung und Analyse von Leben auf dem Mars würde einiges darüber enthüllen, ob kosmische Saaten zwischen dem dritten und dem vierten Planeten der Sonne hin und her wanderten. Während wir auf dieses freudige Ereignis warten, können wir überlegen, ob die kosmische Befruchtung anstatt durch einen Zufall durch einen bewußten Versuch stattfand, Leben von einem Planeten auf den anderen zu übertragen. Siebzig Jahre nach Arrhenius' erster Veröffentlichung stellten Frances Crick und Leslie Orgel – der eine Nobelpreisträger für Biologie, der andere nicht minder hoch angesehen – eine Theorie der «zielgerichteten Panspermie» vor, nach der außerirdische Zivilisationen andere Planeten bewußt mit ihrer Lebensform infiziert haben könnten. Bei diesem Unternehmen wäre der Export von Mikroorganismen wesentlich kostengünstiger als die Entsendung größerer Lebensformen. Crick und Orgel schwebte ein interstellares Raumschiff mit einer Kapazität von vielleicht einer Tonne Mikroorganismen vor – jeweils einhundert Exemplare von tausend Billionen verschiedenen Bakterien. Bei gemäßigter Reisegeschwindigkeit könnte das Raumschiff die meisten Planeten der Milchstraße binnen weniger hundert Millionen Jahre infizieren.

Crick und Orgel fragten sich, warum wir – oder andere Spezies – fremde Planeten in dieser Weise verschmutzen sollten. Sie nahmen an, ein Motiv könne in der Annahme bestehen, allein im All zu sein. Andere Wissenschaftler fanden ein mögliches Motiv in der Hypothese des «kosmischen Zoos», nach der irdisches Leben das Ergebnis biologischer Experimente einer anderen Zivilisation sein könnte. Als gute Wissenschaftler fragten Crick und Orgel, ob es Anhaltspunkte dafür gebe, daß andere Zivilisationen Mikroorganismen ausgesandt hatten, die das Leben auf der Erde auslösten. Sie fanden zwei Argumente für diese Annahme: Das eine besteht darin, daß alles irdische Leben auf dem gleichen genetischen Code beruht und nicht auf mehreren verschiedenen, möglicherweise ähnlichen, wie man erwarten könnte, falls das Leben an verschiedenen Stellen der Erde zu verschiedenen Zeiten begann. Das zweite Argument geht davon aus, daß viele Organismen auf der Erde nicht nur Kohlenstoff, Wasserstoff, Sauerstoff und Stickstoff – die grundlegenden Elemente allen irdischen Lebens – brauchen, sondern auch auf der Erde wesentlich seltenere Atome wie Chrom, Nickel und Molybdän. Falls – und über das Stadium der Vermutung sind wir bis jetzt noch nicht hinaus – wir Planeten fänden, wo diese Atome in deutlich größeren Mengen als auf unserem Planeten vorhanden wären, könnte das eine Art kosmischen Fingerabdrucks sein, der den Ort verriete, von dem aus Leben zur Erde gesandt wurde. Allerdings deutet alles, was wir über den Kosmos wissen, in die entgegengesetzte Richtung: Die relativen Mengen verschiedener Atomarten sind in fast allen Sternen gleich, mit wenigen Ausnahmen, die das Ergebnis nicht wesentlich beeinflussen.

Gelenkte kosmische Saat ist daher nach wie vor nicht mehr

als eine reizvolle Idee, die – wie die Kosmische-Saat-Theorie im allgemeinen – erst dann geprüft werden kann, wenn wir außerirdisches Leben entdeckt haben. Dieser Gedanke führt uns zurück zu dem Planeten, der unsere Überlegungen zum außerirdischen Leben beherrscht, dem vierten «Gesteinsbrocken» der Sonne: dem Mars.

6 Kann es gegenwärtig Leben auf dem Mars geben?

Während des gesamten 20. Jahrhunderts ging man zu Recht davon aus, daß es von allen außerirdischen Planeten am ehesten auf dem Mars Leben geben könne. Von den neun Planeten der Sonne weisen nur zwei – Erde und Mars – Polarkappen auf, zeigen Spuren von Erosion durch flüssiges Wasser und besitzen eine Atmosphäre, die Leben – im Falle des Mars zumindest annähernd – begünstigt. Der Mars dreht sich mit ungefähr der gleichen Geschwindigkeit wie die Erde: Ein Marstag dauert etwas über 24,5 Stunden. Selbst die Neigung der Rotationsachse des Mars ähnelt der Erdachsenneigung (24 Grad statt 23,5), so daß auch die jahreszeitlich bedingten Temperaturschwankungen und die Sonneneinstrahlung mit den Bedingungen auf der Erde vergleichbar sind.

Im Unterschied zur Erde gibt es jedoch auf der Marsoberfläche kein flüssiges Wasser, und die Atmosphäre enthält hauptsächlich Kohlendioxid mit geringen Spuren von Wasserdampf. Die Polarkappen des Mars bestehen zum größten Teil aus gefrorenem Kohlendioxid mit einem kleinen Anteil von normalem Eis. Um die Ähnlichkeiten und Unterschiede zwischen Erde und Mars zu verdeutlichen und beurteilen zu können, mit welcher Wahrscheinlichkeit es heutzutage Leben auf dem Mars gibt, gilt es drei Themenbereiche zu untersuchen: die Entstehung der Planeten vor viereinhalb Milliarden Jahren, die nachfolgende Entwicklung der Planeten und die Arbeitsergebnisse der Miniaturlabors, die vor zwei Jahrzehnten auf den Mars geschickt wurden, um dort nach Leben zu suchen.

Hat der vierte Planet des Sonnensystems die falsche Position für die Existenz von Leben?

Zwei grundlegende Fakten erklären die meisten Unterschiede zwischen Erde und Mars: die Größe der Planeten und ihre Entfernung von der Sonne. Der Mars ist wesentlich kleiner; sein Durchmesser entspricht nur 54 Prozent des Erddurchmessers, und seine Masse erreicht nur 11 Prozent der Erdmasse. Wegen dieser geringen Masse beträgt auch die Anziehungskraft, die auf Objekte an der Oberfläche des kleineren Planeten einwirkt, nur 40 Prozent der irdischen Schwerkraft. Der Mars ist wesentlich weiter von der Sonne entfernt: zwischen 209 und 257 Millionen Kilometer. Die Erde umkreist die Sonne in einer Entfernung zwischen 146 und 151 Millionen Kilometern (aufgrund der kürzeren Umlaufbahn ist die Schwankung des Abstands bei der Erde geringer). Da die Intensität des Sonnenlichts im Quadrat zu der Entfernung eines Objektes von der Sonne abnimmt, entfällt auf jeden Quadratmeter der Marsoberfläche nur noch *die Hälfte* der Sonnenenergie, die auf einen Quadratmeter der Erdoberfläche einwirkt. Diese Kombination aus niedriger Masse und geringer Sonneneinstrahlung schafft auf dem Mars grundsätzlich ungünstige Bedingungen für die Entstehung und den Fortbestand von Leben.

Beide Nachteile sind durch die Stellung des Mars im Sonnensystem bedingt. Die größere Entfernung von der Sonne führt zu einer reduzierten Sonneneinstrahlung; die geringe Masse ist dagegen dem unglücklichen Umstand zuzuschreiben, daß der Mars in relativer Nähe zum Jupiter entstand, dem fünften Planeten im Sonnensystem und demjenigen mit der bei weitem größten Masse. Während der Entstehung der Planeten vor etwa 4,6 bis 4,3 Milliarden Jahren kondensierte das gesamte Sonnensystem – die Sonne, ihre Planeten und deren Satelliten sowie ein Heer von Asteroiden, Kometen und Meteoroiden – aus einer rotierenden Wolke von Gas und Staub. Aus noch weitgehend ungeklärten Gründen begann sich diese Wolke unter dem Einfluß ihrer eigenen Schwerkraft zusammenzuziehen. Während dieses Vorgangs flachte sie allmählich ab und rotierte immer schneller, bis sie zu einer runden Scheibe aus Materie wurde, deren Größe die des heutigen Sonnensystems übertraf. Innerhalb dieser rotierenden Scheibe entstanden durch Kollisionen von Staubpartikeln Millionen von Materieklumpen in der Größe von Bergen, die Astronomen «Planetesimale» nennen. Jeder Planetesimal bewegte sich auf einer Umlaufbahn um den zentralen, den dichtesten Teil der Wolke, aus dem später die Sonne wurde. Aus Zusammenstößen zwischen den Planetesimalen entstanden größere Gebilde: die Planeten, ihre großen Satelliten und die größten Asteroiden.

Der Kampf um Masse zwischen den Planetesimalen

Wie ein junger Vogel, der um Futter kämpft, versuchte jeder Planetesimal unter Nutzung der Schwerkraft seine Masse auf Kosten seiner Nachbarn zu vergrößern. Dieser Kampf stand unter dem biblischen Motto «Wer hat, dem soll gegeben werden», so daß sich schließlich nur relativ wenige Objekte durchsetzen konnten. Obwohl jeder Planetesimal Anziehung auf alle anderen ausübte, endete eine Begegnung zwischen einem größeren und einem kleineren Objekt normalerweise damit, daß die Masse des kleineren in der des größeren aufging. Die weiter vergrößerte Masse des größeren Objekts erhöhte dessen Chancen, andere Planetesimale anzuziehen, und so weiter.

Während schließlich aus dem größten Teil der ursprünglichen Materie die Sonne entstand, bildeten sich aus den Planetesimalen die Planeten und ihre großen Trabanten. Die Masse des Jupiter, des Planeten mit der größten Masse in unserem Sonnensystem, entspricht der 318fachen Erdmasse, beträgt jedoch nur ein Tausendstel der Masse der Sonne. Die Masse des Saturn ist 95mal so groß wie die der Erde, die des Uranus 15mal und die des Neptun 17mal. Jupiter und Saturn bestehen zum größten Teil aus Wasserstoff und Helium, aus denen sich auch die Masse der Sonne zu 99 Prozent zusammensetzt. Da ihre Entfernung von der Sonne fünf- bis dreißigmal so groß war wie die der Erde, konnten die vier größten Planeten bei ihrer Entstehung große Mengen von Wasserstoff und Helium zurückbehalten. Im Gegensatz dazu «wuchsen» in den sonnennäheren Gebieten niemals Planetesimale, die über genügend Masse verfügten, um Wasserstoff und Helium, die beiden leichtesten Gase, zurückzuhalten. Sobald die Sonne zu strahlen begann, verdampften diese beiden Elemente im inneren Sonnensystem nahezu vollständig. Daher bestehen die vier inneren Planeten des Sonnensystems – Merkur, Venus, Erde und Mars – hauptsächlich aus Silizium, Sauerstoff, Aluminium und Eisen mit einem minimalen Anteil an Wasserstoff und Helium. Alle H_2O-Meere der Erde, deren durchschnittliche Tiefe weniger als ein Tausendstel des Erdumfangs erreicht, machen zusammen weniger als ein Prozent der Gesamtmasse unseres Planeten aus.

Unter den inneren Planeten gewann die Erde den Kampf um die Materie. Die Venus ist in bezug auf Größe und Masse mit der Erde nahezu identisch; sie verfügt über 81 Prozent der Erdmasse. Der Merkur ist noch kleiner als der Mars und verfügt nur über 5,5 Prozent der Erdmasse. Aufgrund seiner geringen Masse und seiner Nähe zur Sonne kann der Merkur kein Gas zurückhalten und besitzt daher keine erwähnenswerte Atmosphäre. Auf der Venus hingegen ist die Atmosphäre aus Kohlendioxid so dicht, daß sie mit einem Druck auf der Oberfläche lastet, der hundertmal größer ist als der Druck auf der Erdoberfläche. Mit einer solchen Atmosphäre ist auf Planeten von der

Größe der Erde zu rechnen, wenn es dort keine Lebewesen gibt, die Gesteine aus Karbonaten bilden und so einen Großteil des Kohlendioxids in der Nähe der Oberfläche binden, wie dies auf unserem Planeten geschah.

Wie die Venus besitzt auch der Mars eine Kohlendioxidatmosphäre, die jedoch so dünn ist, daß der Oberflächendruck weniger als ein Hundertstel des auf der Erde herrschenden Drucks erreicht. Dieser niedrige Druck, resultierend aus der geringen Masse des Mars, erklärt das völlige Fehlen von flüssigem Wasser auf der Marsoberfläche.

Warum kann es heutzutage kein flüssiges Wasser auf dem Mars geben?

Auf der Marsoberfläche kann es kein flüssiges Wasser geben, weil sich Wasser auf dem Mars verhält wie Kohlendioxid auf der Erde. Der atmosphärische Druck auf der Marsoberfläche beträgt nur sechs Millibar, das sind 0,6 Prozent des Drucks auf der Erdoberfläche. Dieser Wert liegt unter dem Mindestdruck, bei dem Wasser noch in flüssiger Form vorkommt. Statt dessen kommt es sofort zu einer Sublimation von Eis zu Wasserdampf, wenn die Temperatur null Grad Celsius übersteigt. Umgekehrt gefriert Wasserdampf, dessen Temperatur unter den Nullpunkt fällt, sofort zu festem Eis.

Jeder, der schon einmal in einer Stadt in großer Höhe – wie Denver oder Quito – ein Ei gekocht hat, weiß, daß der Siedepunkt dort niedriger liegt als auf Meeresniveau. Der Grund dafür ist der gleiche, der für die erschwerte Atmung in großen Höhen verantwortlich ist: Der atmosphärische Druck sinkt bei zunehmender Höhe. Er hindert Wasser solange daran zu kochen, bis die Moleküle eine Geschwindigkeit erreicht haben, die es ihnen erlaubt, aus der Flüssigkeit in die Atmosphäre überzugehen. Auf Meeresspiegelniveau liegt der Siedepunkt bei hundert Grad Celsius; in größeren Höhen, wo der atmosphärische Druck abnimmt, sinkt der Siedepunkt. Auf dem Gipfel des Mount Whitney oder des Matterhorns, fast 4500 Meter über dem Meeresspiegel, fällt der Druck auf die Hälfte, und der Siedepunkt liegt bei achtzig Grad Celsius. Man stelle sich vor, immer höher in die Atmosphäre hinaufzusteigen: Der Siedepunkt würde auf fünfzig Grad, dann auf fünfundzwanzig und schließlich auf null Grad, den Gefrierpunkt von Wasser, sinken. Das ist der Fall, wenn der atmosphärische Druck nur ein Hundertfünfundsechzigstel oder 0,6 Prozent des Drucks auf Meereshöhe beträgt. Zufällig entspricht dieser Wert fast genau dem Oberflächendruck auf dem Mars.

Wenn der Siedepunkt mit dem Gefrierpunkt zusammenfällt, kann es kein flüssiges Wasser mehr geben. Statt dessen wird Eis, das sich auf über null Grad erwärmt, sofort zu Wasserdampf und niemals zu flüssigem Wasser. Das entspricht unserer Erfahrung mit Kohlendioxid auf der Erde. Da Kohlendioxid bei Temperaturen unter minus 57 Grad Celsius gefriert, verwenden Eisverkäufer «Trockeneis»-Blöcke, um ihre Ware zu kühlen. Erwärmt sich Trockeneis, sublimiert es bei einer Temperatur von minus 57 Grad sofort zu gasförmigem Kohlendioxid. Der Begriff «Trockeneis» drückt sehr richtig aus, daß kein flüssiges Kohlendioxid entsteht. Wollen wir dieses erhalten, müssen wir den Druck auf 5,1 Atmosphären erhöhen; das entspricht 5,1mal dem Umgebungsdruck auf Meeresniveau beziehungsweise dem Druck, dem ein Taucher in 40 Meter Tiefe im Ozean ausgesetzt ist. Bei diesem Druck wird Kohlendioxid, wenn es sich auf eine Temperatur von minus 57 Grad Celsius erwärmt, flüssig. Je höher der Druck wird, desto höher muß die Temperatur steigen, bevor die Flüssigkeit verdampft. Bei einem Druck von 70 Atmosphären kann Kohlendioxid bei einer Temperatur von bis zu 30 Grad Celsius in flüssigem Zustand gehalten werden.

Kein Wasser, kein Leben

Wenn es kein flüssiges Wasser gibt, ist nicht mit der Existenz von Leben zu rechnen. Alles, was wir über das Leben auf der Erde wissen, deutet darauf hin, daß die Existenz von flüssigem Wasser Voraussetzung für jegliches Leben ist. Von dieser allgemeinen Regel gibt es zwei Ausnahmen. Erstens könnte man sich vorstellen, daß eine andere Substanz, wie zum Beispiel Ammoniak oder Methylalkohol, bei außerirdischen Lebensformen die Rolle des Lösungsmittels übernimmt, in dem Moleküle schweben und interagieren können und das bei Veränderungen der Umweltbedingungen wie ein Puffer wirkt, so daß ein Organismus, beispielsweise bei raschem Temperaturanstieg, auch weiterhin funktioniert. Wasser scheint jedoch für potentielle Lebensformen nicht nur in dieser Hinsicht das beste Lösungsmittel zu sein, es besteht überdies aus den Atomen, die im Kosmos am zahlreichsten vorhanden sind. Zweitens benötigen einige Lebensformen auf der Erde nur während bestimmter, entscheidender Phasen ihrer Existenz Wasser. Aber bis zum Beweis des Gegenteils ist davon auszugehen, daß nur dort Leben erwartet werden kann, wo zumindest ein wenig flüssiges Wasser vorkommt.

Heißt das, daß es auf dem Mars kein Leben geben kann? Keineswegs! Der niedrige atmosphärische Druck schließt das Vorkommen von flüssigem Wasser auf der *Oberfläche* des Mars aus. An den Rändern der Mars-Polarkappen mag es dagegen Taschen flüssigen Wassers unter dem Eis geben; vielleicht existieren sogar Hohlräume unter der Oberfläche, in denen noch Wärme aus den Zeiten gespeichert ist, als auf dem Mars Vulkane aktiv waren. Flüssiges Wasser könnte direkt unter der Oberfläche des gesamten Mars vorkommen, weil alles darauf hindeutet, daß beträchtliche Mengen gefrorenen Wassers ständig im Boden gebunden sind. Möglicherweise sind die Bedingungen ähnlich wie in der sibirischen Tundra, wo der Boden bis in eine Tiefe von mehreren hundert Metern dauerhaft gefroren ist. Unter diesen Bedingungen gedeihen bestimmte Bakterienkolonien, die mit den winzigen Wassermengen auskommen, die ständig in flüssigem Zustand sind.

Die Bakterien im sibirischen Permafrostboden entwickelten sich höchstwahrscheinlich aus Formen, die einen größeren Bedarf an flüssigem Wasser hatten, und paßten sich allmählich den harten Überlebensbedingungen im gefrorenen Boden an. Man sollte daraus nicht schließen, daß es auf der Erde *keine* Umgebung gibt, in der Leben unmöglich ist. In zwei großen Gebieten der Erde konnte keinerlei Leben entdeckt werden: in der Antarktis unterhalb der obersten Eisschichten und auf neu entstandenen Lavagebirgen, wie zum Beispiel auf den hawaiischen Inseln. Letztere werden allmählich von Lebensformen aus angrenzenden Regionen kolonisiert, doch die große Eismasse in der Antarktis bleibt ein biologisches Vakuum.

Die Hoffnung, Leben auf dem Mars zu finden, scheint sich auf die Suche nach Orten zu konzentrieren, an denen Wasser in flüssiger Form vorkommt. Bisher wurde an der Oberfläche kein Wasser gefunden, und das ist auch für die Zukunft nicht zu erwarten, aber auf der Marsoberfläche mit ihren ausgetrockneten Seen, Kanälen und Flußbetten findet man deutliche Hinweise, daß *früher* flüssiges Wasser in großen Mengen vorhanden gewesen sein muß. Kurz gesagt, der Mars hat sich im Laufe der Zeit gewandelt: Gab es früher einmal flüssiges Wasser auf seiner Oberfläche, so weist er solches heute nicht mehr auf.

Langfristige Veränderungen der planetaren Umweltbedingungen

Weit entfernt davon, ständig im selben Zustand zu verharren, waren zumindest zwei Planeten der Sonne in den 4,5 Milliarden Jahren seit ihrer Entstehung eindrucksvollen planetenweiten

Veränderungen unterworfen. Am meisten verändert hat sich die Erde durch die Entwicklung des Lebens auf und direkt unter der Oberfläche und aufgrund der plattentektonischen Aktivität, durch die ständig Teile der Erdkruste gegen- und aufeinander geschoben werden. Das Leben auf der Erde hat einen Großteil des Kohlenstoffs in Oberflächennähe gebunden und so zu einer relativen Kohlenstoffarmut in der Atmosphäre geführt. Andernfalls würde Kohlenstoff in Form von Kohlendioxid unsere Atmosphäre beherrschen. Wir würden in einem stickigen Riesentreibhaus schmoren, weil Kohlendioxid sehr gut Hitze absorbiert. Außerdem hat das Leben auf der Erde die Luft mit Sauerstoff angereichert, so daß wir nicht in einer kohlendioxidreichen Atmosphäre mit Stickstoffzusatz, sondern in einer dünneren Atmosphäre leben, die aus vier Teilen Stickstoff und einem Teil Sauerstoff besteht. Auf dem Mars hat man (bis jetzt!) noch keine Anzeichen dafür gefunden, daß Lebewesen den Planeten verändert haben könnten. Doch auch der Mars war einschneidenden Veränderungen unterworfen, in deren Verlauf er sich von einem lebensfreundlichen zu einem lebensfeindlichen Planeten gewandelt hat. Die Ursachen dafür liegen noch im dunkeln, auch wenn es Astronomen und Geologen nicht an Theorien darüber mangelt. Wir wissen, daß es auf dem Mars einst Seen, fließende Gewässer, Verdampfung und Niederschläge gab. Für diese Theorie gab es bereits zahlreiche Belege, bevor konkrete Ergebnisse der Untersuchung von ALH 84001 vorlagen, doch der Stein vom Mars liefert den über jeden berechtigten Zweifel erhabenen Beweis.

Beweise für die Existenz von flüssigem Wasser auf dem Mars

Da der Mars von Anfang an klein war – im Durchmesser nur halb so groß wie die Erde, und seine Masse beträgt nur gut ein Zehntel der Erdmasse –, war seine Fähigkeit, flüchtige Moleküle wie Stickstoff, Wasser und Kohlendioxid zu binden, geringer als die der Erde. Aus diesen Verbindungen besteht sowohl die Erd- als auch die Marsatmosphäre. Der Mars jedoch war von Beginn an relativ arm an flüchtigen Substanzen und verlor im Laufe der Zeit immer mehr davon. Vor vier Milliarden Jahren gab es flüssiges Wasser auf der Marsoberfläche, aber im Laufe der Zeit änderten sich die Umweltbedingungen, und die Existenz von flüssigem Wasser auf der Oberfläche des Planeten wurde unmöglich.

Woher wissen wir, daß es auf dem Mars in der Vergangenheit flüssiges Wasser gab? Der Beweis wurde vor zwei Jahrzehnten erbracht, als die beiden Viking-Sonden die gesamte Oberfläche des Planeten fotografierten. Ihre Bilder zeigen gewundene Kanäle, die nach Ansicht der Geologen nur durch in Bewegung befindliche Flüssigkeit geschaffen worden sein können, ausgetrocknete Seen und zumindest ein Beispiel für einen plötzlichen Wasserfluß großen Ausmaßes. Die einzige Flüssigkeit, die aller Wahrscheinlichkeit nach auf dem Mars jemals existiert hat, ist Wasser, dessen Moleküle aus den beiden im Sonnensystem am häufigsten vorkommenden Elementen bestehen. Spektroskopische Messungen des von den Mars-Polarkappen reflektierten Sonnenlichts ergaben, daß diese hauptsächlich aus gefrorenem Kohlendioxid bestehen. Der Bruchteil eines Prozents des Gesamtvolumens ist jedoch aus Wasser entstandenes Eis.

Der Mars besaß sicherlich niemals Ozeane, die sich über den ganzen Planeten erstreckten, wie dies noch heute auf einem großen Teil der Erdoberfläche der Fall ist. Vor vier Milliarden Jahren gab es jedoch auf dem Mars sowohl flüssiges Wasser als auch aktive Vulkane. Heute sind diese Vulkane erloschen, aber ihre gewaltigen Ausmaße machen sie zu den höchsten Bergen im Sonnensystem. Sie sind stumme Zeugen dessen, daß die Oberfläche des Mars einst unter vulkanischer Aktivität bebte und ächzte. Dabei wurden Wasserstoff, Kohlenmonoxid, Kohlendioxid und Stickstoff, die zuvor unter der Oberfläche gebunden waren, als Gase freigesetzt. Zu jener Zeit muß die Atmosphäre so dicht gewesen sein, daß flüssiges Wasser auf dem Mars existieren konnte.

Welche Gase bildeten vor Milliarden Jahren diese dichte Atmosphäre auf dem Mars? Die beiden wahrscheinlichsten Bestandteile sind Kohlendioxid, aus dem der Großteil der heutigen Marsatmosphäre besteht, und Wasserdampf. Falls diese beiden Substanzen in ausreichender Menge vorhanden waren, um den gegenwärtigen atmosphärischen Druck zu verdoppeln, gab es Wasser in flüssiger Form innerhalb eines engen Temperaturbereichs von null bis fünf Grad Celsius. Sollte dagegen der Gehalt an Kohlendioxid in der Marsatmosphäre zehnmal größer gewesen sein als heutzutage, so wäre auch der atmosphärische Druck auf das Zehnfache – das heißt auf volle sechs Prozent des Drucks, der heute auf der Erdoberfläche herrscht – gestiegen. Damit hätte flüssiges Wasser in einem Temperaturbereich zwischen null und 21 Grad Celsius existieren können. Wenn der zusätzliche Druck nicht nur auf Kohlendioxid, sondern auch auf Wasserdampf in der Atmosphäre zurückzuführen war, um so besser: Die Fähigkeit von Wasser, in flüssigem Zustand zu verharren, hängt allein vom gesamten atmosphärischen Druck ab. Ein größerer Wasserdampf-Anteil macht darüber hinaus einen Kreislauf von Verdampfung und Niederschlägen auf dem Mars wahrscheinlicher.

«Mars, dies zweite Eden, halbes Paradies»

Auf dem urzeitlichen Mars – vor mehr als vier Milliarden Jahren, als er kaum eine halbe Milliarde Jahre alt war – gab es flüssiges Wasser in Hülle und Fülle. Zwar sind sich die Wissenschaftler nicht darüber einig, ob es auf dem urzeitlichen Mars vollständige Zyklen von Niederschlag, Verdampfung und erneutem Niederschlag gab, aber sie stimmen darin überein, daß die Kanäle, die noch vier Milliarden Jahre später sichtbar sind, durch flüssiges Wasser gegraben wurden. Es muß einst die Krater gefüllt haben, in deren Innerem noch die alten Küstenlinien zu erkennen sind. Der urzeitliche Mars war nicht nur feuchter als der heutige, sondern auch wärmer. Ein höherer Gehalt von Kohlendioxid oder Wasserdampf in der Atmosphäre verstärkte den «Treibhauseffekt», das heißt, von der Oberfläche reflektierende Infrarotstrahlung wurde in der Atmosphäre gebunden und der Planet somit warm gehalten. Auch heute erreichen bestimmte Punkte auf dem Äquator des Mars Mittagstemperaturen von 15 bis 21 Grad Celsius. Jedoch herrschen nachts an denselben Orten minus 40 Grad und darunter, weil die Atmosphäre die Wärme nur sehr schlecht bewahrt. Bei einer zehnmal dickeren Atmosphäre hätte der Mars geringfügig höhere Tages- und wesentlich höhere nächtliche Temperaturen.

In Shakespeares Drama *Richard II.* spricht der Onkel des Königs, Johann von Gaunt, die Worte: «Dies Land der Majestät, der Sitz des Mars, dies zweite Eden, halbes Paradies.» Auch wenn Gaunt mit dem «Sitz des Mars» in Wirklichkeit «dies Bollwerk der Natur, für sich erbaut, der Ansteckung und Hand des Krieges zu trotzen . . . dies Kleinod, in die Silbersee gefaßt . . . Der segensvolle Fleck, dies Reich, dies England» meint, beschreiben die Worte «dies zweite Eden, halbes Paradies» doch sehr treffend den Mars vor vier Milliarden Jahren. Damals fiel Regen, floß Wasser, spien Vulkane Lava, und alle Voraussetzungen für die Entstehung von Leben waren gegeben.

Wo ist das Wasser geblieben?

Was ist aus dem halben Paradies geworden, das auf dem urzeitlichen Mars zu finden war? Auf irgendeine Weise wurde die Atmosphäre mit der Zeit immer dünner. Ein Teil des Kohlendioxids mag in den Weltraum entwichen sein, und ein großer Teil des atmosphärischen CO_2 fror in den Polarkappen fest. Ein Teil des Wasserdampfs mag ebenfalls entwichen sein, während ein anderer, kleiner Anteil zusammen mit dem Trockeneis die Polarkappen bildete, aber der größte Teil ist wahrscheinlich noch immer über den Planeten verteilt – nicht *auf,* sondern *unter* der Marsoberfläche.

Wo auch immer Kohlendioxid und Wasserdampf hingekommen sein mögen, ihr fast völliges Verschwinden aus der Atmosphäre des Mars hatte bedauerliche Auswirkungen auf die Umwelt des Planeten. Mit dem atmosphärischen Druck nahm auch der atmosphärische Treibhauseffekt ab, weil die Atmosphäre weniger Moleküle enthielt, welche die Wärme daran hindern konnten, von der Oberfläche des Planeten zu entweichen. Mit dem Rückgang des Treibhauseffekts wurde nicht nur die Existenz von flüssigem Wasser an der Marsoberfläche allmählich unmöglich, auch die Zeit der warmen Nächte neigte sich dem Ende zu. Damit beschleunigte sich das Verschwinden des Wassers von der Oberfläche noch; es wurde entweder im Permafrostboden oder in den Polarkappen gebunden.

Am Ende des Prozesses war aus einem urzeitlichen Planeten mit flüssigem Wasser eine absolut trockene Welt ohne jegliche Flüssigkeit geworden. Dieser Wandel vollzog sich vermutlich in weniger als einigen hundert Millionen Jahren, irgendwann vor drei oder vier Milliarden Jahren. Während dieser Zeit hieß es Abschied nehmen von einem lebensfreundlichen Mars; es entstand der lebensfeindliche Planet, den wir heute kennen.

Unser Wissen und unsere Vermutungen über die Entstehung des Lebens auf der Erde legen den Schluß nahe, daß der urzeitliche Mars für die Entstehung von Leben nahezu genauso geeignet war wie die urzeitliche Erde. Sollte es auf dem urzeitlichen Mars vor vier Milliarden Jahren Leben gegeben haben, so lautet die brennende Frage, die sich uns heute stellt: Ist das Leben vollständig von dem roten Planeten verschwunden, oder hat es ein paar Refugien gefunden, in denen es vielleicht bis heute darauf wartet, von uns entdeckt zu werden?

Falls für Leben unbedingt flüssiges Wasser erforderlich ist, was als sehr wahrscheinlich gilt, können wir nicht erwarten, an der Oberfläche des Mars Leben zu finden. Das schließt jedoch nicht vollständig aus, daß es Leben auf dem Mars gibt. Denkbar sind Lebensformen, die Nischen unter den Polarkappen oder, noch besser, in durch vulkanische Aktivität beheizten Hohlräumen unter der Marsoberfläche gefunden haben. Diese «Oasen unter der Oberfläche» sind völlig imaginär – zumindest momentan! Sie rangieren jedoch ganz oben auf der Liste von Punkten, die Wissenschaftler bei einer erneuten Mission zum Mars gern untersuchen würden. Temperaturempfindliche Satelliten könnten selbst unter der Oberfläche Regionen ausmachen, die deutlich wärmer als ihre Umgebung sind, und Roboter könnten Bohrungen vornehmen, um Proben aus unterirdischen Reservoirs zu entnehmen. Möglicherweise haben sich dort Lebensformen erhalten, nachdem an der Oberfläche des Mars die Existenz von flüssigem Wasser unmöglich wurde.

Genug der Theorien! Denken wir an all die Aufregungen und Enttäuschungen unter den Wissenschaftlern, die davon geträumt haben, Leben auf dem Mars zu finden. Zwanzig Jahre lang mußten sie mit den frustrierenden Ergebnissen der Viking-Missionen leben, bis sie endlich durch ALH 84001 erfuhren, daß vor drei bis vier Milliarden Jahren möglicherweise doch Leben auf dem Mars existierte. Nur einige zig Millionen Kilometer trennen sie von der Möglichkeit zu erforschen, ob sich dort auch heute noch Leben befindet – und falls ja, worin es dem irdischen Leben ähnelt und worin es sich von diesem unterscheidet.

Wie sehr könnte sich Leben auf dem Mars von irdischem Leben unterscheiden?

Von der Analyse von ALH 84001 war keine Aussage über DNS oder Vergleichbares zu erwarten, da es keine derartigen Moleküle gibt, die während eines Zeitraums von Milliarden von Jahren nicht abgebaut würden; das heißt, sie zerfallen in kleinere Moleküle, diese werden weiter abgebaut, bis schließlich nichts mehr an ein Molekül biologischen Ursprungs erinnert. Der Abbau der DNS beginnt, sobald sie mit der Außenwelt in Berührung kommt, daher sind beispielsweise Polizisten angehalten, entnommene Proben unverzüglich ins Labor zu bringen. Aber wie steht es mit der Dinosaurier-DNS, die durch das Buch und den Film *Jurassic Park* berühmt wurde? Zunächst einmal handelte es sich hierbei um fiktive DNS. Zweitens wurde die DNS durch eine Verkettung glücklicher Umstände konserviert: Ein Moskito, der einen Dinosaurier gestochen hatte, war in Bernstein eingeschlossen worden – selbst wenn ein solcher Vorgang stattgefunden haben sollte, wäre seine Entdeckung höchst unwahrscheinlich. Ein solches Szenario ist nach Ansicht von Wissenschaftlern zwar theoretisch möglich, aber vermutlich werden wir nie auf Dinosaurier-DNS stoßen, selbst wenn wir noch so viele in Bernstein versunkene Moskitos finden und analysieren.

Vielleicht finden wir aber schließlich lebende Organismen auf dem Mars, auf dem Jupitermond Europa oder sonstwo im Universum. Sollte es sich dabei um Mikroorganismen handeln, was, wie uns das Beispiel Erde lehrt, wahrscheinlich ist, dann könnten uns diese Mikroorganismen, abgesehen von der Bedeutung ihrer bloßen Existenz, eine wichtige Frage beantworten: Wie ähnlich oder wie unterschiedlich laufen chemische Reaktionen bei diesen Lebensformen im Vergleich zu Lebewesen auf der Erde ab? Vermehren sie sich zum Beispiel auf die gleiche Weise? Besitzen sie ebenfalls ein DNS-ähnliches Molekül, das Bildung und Funktion neuer Zellen steuert?

Nehmen wir einmal an, wir fänden außerirdisches Leben und stellten fest, daß es die gleiche Art DNS verwendet wie das Leben auf der Erde. Dann könnte nichts stärker auf einen gemeinsamen Ursprung beider Formen und damit auf die kosmische Saat, von der im vorigen Kapitel die Rede war, hindeuten. Andererseits, und das ist für die meisten Biologen die wahrscheinlichere Alternative, könnten außerirdische Lebensformen – so es sie gibt! – mit einer völlig anderen Art von Chemie und Molekülen arbeiten, um die Funktion ihrer «Zellen», deren Reproduktion und die Entstehung neuer Organismen zu steuern. Solche Unterschiede würden eine Wissenschaft der komparativen Biologie begründen, bei der nicht mehr verschiedene Lebensformen auf der Erde, sondern wirklich absolut unterschiedliche Lebensformen verglichen würden. «Wenn wir auf Leben stoßen, dann hoffe ich, daß es anders ist», sagt der Molekularbiologe Jack Szostak, der sich mit dem Ursprung des Lebens beschäftigt. «Andernfalls wäre es eine wirkliche Enttäuschung.»

Wir könnten zum Beispiel feststellen, daß sich die ersten außerirdischen Lebensformen, auf die wir stoßen, mit Hilfe eines Moleküls vermehren, das zwar in seiner Struktur der DNS ähnelt, dessen Doppelspirale und Paare aber aus anderen Molekülen als irdische DNS zusammengesetzt sind. Das würde für die Theorie sprechen, nach der sich die meisten Lebensformen ähnlicher Abläufe und molekularer Strukturen bedienen; jedoch könnten Unterschiede in Einzelheiten Aufschluß darüber geben, wie die Evolution auf verfügbares Material zurückgreift, um ihre Ziele zu erreichen.

Der Leser mag jetzt vermuten, daß ich in eine Falle getappt bin, die es unbedingt zu vermeiden gilt, nämlich die Vorstellung, andere Lebensformen müßten unserer eigenen sehr stark ähneln. Wenn nun außerirdische Lebensformen überhaupt keine DNS besitzen, nichts, was mit den flüssigkeitsgefüllten Zellen irdischer Lebewesen vergleichbar wäre? Diese Einwände sind nicht von der Hand zu weisen. Wir dürfen tatsächlich nicht davon ausgehen, daß außerirdisches Leben dem irdischen und insbesondere dem des Menschen gleicht. Diese falsche Voraussetzung ist der Fluch aller UFO-Fans und muß unablässig bekämpft werden. Außerirdisches Leben *könnte* jedoch auf einer ähnlichen Chemie wie das irdische basieren. Sollte es sich um Mikroorganismen handeln, dann würden wir diese zumindest eher erkennen als Formen, die sich stark von irdischem Leben unterscheiden. Alle Einwände lassen sich schnell entkräften, wenn wir bedenken, daß die wichtigste Voraussetzung für eine Analyse der Ähnlichkeiten und Unterschiede zwischen außerirdischem und irdischem Leben erfüllt sein wird, wenn eine andere Lebensform zunächst einmal entdeckt ist. Das erste Exemplar einer außerirdischen Lebensform wird uns viel über die Gültigkeit der Panspermie-Theorie lehren. Mit einem halben Dutzend Exemplaren werden wir einen gigantischen Schritt vorankommen bei der vergleichenden Erforschung der grundlegenden Regeln, die auf einem Planeten nach dem anderen zur Entstehung und Entwicklung von Leben führten.

1976: Die Viking-Sonden suchen nach Leben auf dem Mars

Die voranstehenden Absätze haben in groben Zügen die theoretischen Vorbehalte behandelt, die gegen Leben auf der Marsoberfläche sprechen. Diese Argumente haben heute noch mehr Gewicht als vor der Entsendung der Raumsonden auf den Mars, da bis dahin nicht genau geklärt war, wie dünn die Kohlendioxidatmosphäre des Mars ist. Jeder Wissenschaftler weiß, daß Theorien wichtig, aber nicht ausschlaggebend sind; diese Rolle bleibt dem Experiment vorbehalten. Daher entwarfen Astronomen und Biologen gemeinsam zwei wunderbare Raumschiffe, die den Mars aufsuchen und umkreisen, Landefahrzeuge zur Oberfläche schicken und nach Anzeichen für Leben im Boden des Mars suchen sollten.

Bei der Gestaltung der Experimente orientierten sich die Wissenschaftler an der marsähnlichsten Umgebung, die unser Planet aufzuweisen hat, der kältesten und trockensten Gegend der Erde: den Trockentälern der Antarktis. Dort, ein paar Kilometer von der Forschungsstation der Vereinigten Staaten entfernt, drücken die Formation der Berge und die vorherrschende Windrichtung die Niederschläge auf unter einen Zentimeter pro Jahr. Der verbleibende geringe Niederschlag vollzieht sich fast vollständig in Form sehr leichten Schneefalls. Anders als der Rest der Antarktis, der unter einer drei Kilometer dicken Eisschicht liegt, sind die Trockentäler, auch «Ross-Wüste» genannt, im wesentlichen eisfrei. Dort, an den ungastlichen Hängen über den Tälern, fand Imre Friedmann winzige Organismen, sogenannte Kryptoendolithen («im Gestein versteckt»).

Kryptoendolithen bestehen aus komplexen Kolonien symbiotischer Flechten, die direkt unter der Gesteinsoberfläche Schutz vor der Kälte und den plötzlichen Temperaturschwankungen in der Außenwelt finden. Sie erhalten eben genug – durch das poröse Gestein gefiltertes – Sonnenlicht, um zu überleben, wenn auch nicht genug, um zu gedeihen. Sie stellen «Leben an der Grenze» dar. Die Organismen bleiben nur deshalb am Leben, weil sie ihren Stoffwechsel enorm verlangsamen. Ein ganz normal aussehender Fels kann eine kryptoendolithische Kolonie enthalten, die Tausende von Jahren alt ist. Bei der Beschreibung des Lebens (von dessen Erforschung ganz zu schweigen) unter diesen harten Bedingungen zitiert Imre Friedmann aus Dantes *Inferno*: «So bitter ist es, daß auch der Tod nicht härter sein kann. Doch um vom Guten, das ich darin fand, zu sprechen, laßt mich von anderen Dingen reden, die ich sah.» Die Trockentäler sind zwar von allen Gegenden auf der Erde dem Mars am ähnlichsten, jedoch muß der echte Mars mit seiner dünnen Kohlendioxidatmosphäre und jährlichen Niederschlagsmengen, die nicht nur mikroskopisch gering, sondern effektiv gleich null sind, noch viel rauher sein.

Die Viking-Experimente: Auf der Suche nach Leben

Als Astronomen und Biologen die Viking-Experimente zur Suche nach Leben auf dem Mars planten, waren sie sich ihrer ungeheuer schwierigen Aufgabe bewußt. Es galt, ein automatisiertes Miniaturlabor zu entwerfen, das eine Reise von 160 Millionen Kilometern überstehen, auf einem fremden Planeten landen, seine Tätigkeit aufnehmen und dann die Versuchsergebnisse zur Erde zurücksenden könnte. Nach langer Diskussion wurden zwei der besten Miniaturlabors in der Geschichte der Wissenschaft entwickelt und gebaut. Diese erreichten den Mars im Sommer 1976, lösten sich von den Viking-Satelliten und landeten sicher auf der Oberfläche des Mars. Wären sie von einem der zahlreichen Felsen aufgespießt worden, hätte dies ihr unrühmliches Ende bedeutet. Zwei Jahre lang sendeten die beiden Viking-Landefahrzeuge Tausende von Bildern von der Oberfläche des Mars, zeichneten den Rhythmus von Tag und Nacht auf dem Mars auf sowie die Sommer und die Winter, in denen sich bei Minustemperaturen unter vierzig Grad Celsius Reif aus Kohlendioxid auf die Landschaft legte.

Nicht eines der Bilder enthielt Hinweise auf Leben. Kein lebendes Wesen, nichts, was einer Spur, einem Bau, einem Kadaver oder Abfallprodukten irdischer Organismen ähnlich gesehen hätte, erschien auf den Fotos. Allein diese Tatsache bedeutete relativ wenig, da sich, wie wir gesehen haben, der größte Teil des Lebens auf der Erde im mikroskopischen Bereich abspielt und für das bloße Auge völlig unsichtbar bleibt, solange nicht gewaltige Ansammlungen von Mikroorganismen auftreten. Um durch Tests die Existenz von Lebewesen nachzuweisen, die zu klein wären, um von den Kameras der Viking-Satelliten erfaßt zu werden, wurden daher Hunderte Millionen Dollar für automatische Labors ausgegeben.

Die Miniaturlabors enthielten keine Mikroskope, die zu teuer und im Vergleich zu den entscheidenden drei Experimenten wenig effektiv gewesen wären. Mit anderen Worten, die Viking-Wissenschaftler setzten nicht auf die *visuelle* Inspektion des Marsbodens, sondern auf die Suche nach *chemischen* Beweisen für die Existenz von Leben im Boden. Welche Art chemischer Beweis würde am aussagekräftigsten sein? Diese Frage plagte die Forscher damals und steht auch heute, nach nunmehr zwei Jahrzehnten, noch immer im Mittelpunkt der Diskussion um die Ergebnisse der Viking-Missionen. Die Kontroverse verdeutlicht, daß eine Entscheidung darüber, was als Beweis für die Existenz von Leben angesehen werden kann, nicht zu jedermanns Zufriedenheit gefällt werden kann. Im Grunde geht es um die Frage, was Leben eigentlich ist. Je weiter wir uns von vertrauten Lebensformen entfernen, desto schwieriger wird die Definition des Lebens. Nach einer langjährigen Debatte sind die Viking-Wissenschaftler mit dem Problem gründlich vertraut. Ihre Entscheidung zum Bau der Viking-Labors war keine Fehlentscheidung. Der anschließende Streit über die Interpretation der Ergebnisse ging auch nicht auf mangelnde Kompetenz zurück, das Problem entstand einzig und allein dadurch, daß die fundamentale Frage «Was ist Leben?» nicht geklärt ist.

Mit welchen drei Viking-Experimenten sollte also auf chemischem Weg die Existenz von Leben nachgewiesen werden? Kurz gesagt: Das erste Experiment sollte Produkte irgendeiner Form von *Atmung* auf dem Mars aufspüren; das zweite war dazu gedacht, Mikroorganismen während des Vorgangs der *Nahrungsaufnahme* zu finden; und das dritte sollte die Existenz von Mikroben auf dem Mars anhand der Gase nachweisen, die bei der *Verbrennung toter Organismen* freigesetzt würden. Die wissenschaftlichen Bezeichnungen für diese drei Methoden waren: markierte Freisetzung (Atmung), Gasaustausch (Nahrungsaufnahme) und Freisetzung durch Pyrolyse (Verbrennung toter Organismen). Bei dem Atmungsexperiment wurde eine Reihe chemischer Verbindungen, die mit radioaktiven Kohlenstoffatomen markiert worden waren, auf eine Probe des Marsbodens aufgetragen. Die radioaktiven Elemente konnten von einem Detektor des Miniaturlabors leicht erkannt werden. Falls anschließend Gase, die den radioaktiven Kohlenstoff enthielten, wie zum Beispiel Kohlendioxid, im Gas oberhalb des Bodens erschienen, sollte dies ein Zeichen dafür sein, daß Mikroben im Boden einige der markierten Verbindungen «ausgeatmet» hätten. Ein ähnliches Verfahren fand bei dem Experiment zur Nahrungsaufnahme Anwendung. Ein Stück Marsboden wurde mit einer Brühe von einigen Dutzend «wahrscheinlicher Nährstoffe» getränkt, danach suchte man nach Veränderungen in den Gasen direkt oberhalb der Brühe. Diese sollten zeigen, ob Mikroben zumindest einen Teil der Nährflüssigkeit aufgenommen hätten.

Wenn aber nun Mikroben vom Mars, die seit Milliarden von Jahren keinem flüssigen Wasser mehr ausgesetzt gewesen waren, nichts damit anfangen könnten und daher nichts «ausatmeten»? Was wäre, wenn die flüssige Nährstofflösung, von den Wissenschaftlern «Hühnersuppe» genannt, für Organismen vom Mars keinerlei Anziehungskraft besäße? Die Verbrennung von Organismen sollte dieses Problem lösen. Ein weiteres Stück Marsboden wurde in eine Kammer gebracht, deren Atmosphäre genau der des Mars entsprach. Der einzige Unterschied bestand darin, daß die Kohlenstoffatome in den Kohlenmonoxid- und Kohlendioxidmolekülen radioaktiv waren. Nachdem der Boden einige Stunden lang dieser Atmosphäre ausgesetzt worden war, wurde er auf weit über 500 Grad Celsius erhitzt. Dadurch sollte die nachgeahmte Marsatmosphäre zusammen mit Dämpfen, die eventuell durch verbrennende tote Mikroorganismen freigesetzt würden, in eine «Dampffalle» getrieben werden. Die Falle hielt alle Gase *außer* Kohlenmonoxid und Kohlendioxid zurück. Die in der Dampffalle gefangenen Gase wurden dann auf Spuren von Radioaktivität untersucht, die nur von den radioaktiven Kohlenstoffverbindungen hätte stammen können. Mit diesen drei Experimenten hatte Viking eine reelle Chance, jedes Lebewesen zu finden, das atmete, aß oder bei seinem Ableben einen toten Organismus zurückließ.

Fanden die Viking-Labors Leben auf dem Mars?

Wenige Wochen nach der Landung der beiden Labors auf dem Mars erreichten die Ergebnisse die Erde: An beiden Testorten hatten alle drei Experimente zum Nachweis von Leben positive Resultate erbracht! Dennoch kamen nur wenige Wissenschaftler zu dem Schluß, daß es auf dem Mars Mikroben gebe. Statt dessen wurde ihnen plötzlich klar, was man vielleicht auch vorher hätte wissen können: Es ist enorm schwierig, chemische Veränderungen, die durch Lebewesen verursacht werden, von solchen zu unterscheiden, die ohne Beteiligung von Lebewesen ablaufen – insbesondere, wenn man auf der Suche nach einer unbekannten Lebensform ist.

Das Experiment mit der Nahrungsaufnahme, dessen Ergebnisse zuerst vorlagen, zeigte, daß über dem Marsboden bald nach dem Aufträufeln der nährstoffreichen «Hühnersuppe» beträchtliche Mengen von Sauerstoff gemessen wurden. Schnell war man sich jedoch einig, daß dieser Sauerstoff nicht durch biologische Prozesse entstanden war, sondern daß Schmutz vom Mars auf die Flüssigkeit mit chemischen Abläufen reagiert hatte, durch die im Boden gebundener Sauerstoff freigesetzt wurde. Mit anderen Worten: Allein die erhöhte Feuchtigkeit nach dem Aufbringen der Nährstofflösung führte zu chemischen Reaktionen, bei denen Sauerstoff freigesetzt wurde. Die Wissenschaftler ließen das automatische Labor das Experiment wiederholen, dieses Mal mit Marsboden, der zuvor auf eine Temperatur erhitzt worden war, von der man annahm, daß sie hoch genug wäre, um jedes auf dem Mars mögliche Leben zu zerstören. Als erneut Sauerstoff gefunden wurde, lag der Schluß nahe, daß durch das Aufbringen der Flüssigkeit auf den Marsboden ohne Einwirkung von biologischen Prozessen Sauerstoff freigesetzt worden war.

Die Ergebnisse des Atmungsexperiments wurden etwa einen Tag später übermittelt. Auch diese Resultate waren positiv. Nachdem man ein paar Tropfen der markierten Verbindungen auf den Marsboden aufgebracht hatte, zeigte der Zähler einen dramatischen Anstieg der Anzahl radioaktiver Kohlenstoffatome in dem Gas oberhalb des Bodens – einen dramatischeren Anstieg als bei vielen irdischen Bodenarten, in denen Leben vorkommt! Doch den Wissenschaftlern wurde schnell klar, daß zahlreiche Verbindungen, die wahrscheinlich auf dem Mars vorkommen – zum Beispiel Wasserstoffperoxid –, Kohlendioxid freisetzen würden, sobald sie mit der Nährstofflösung in Berührung kämen. Sie ließen das Labor erneut die Flüssigkeit aufträufeln und fanden keinen Anstieg der Radioaktivität. Erneut kam man zu dem Schluß, daß chemische Reaktionen ohne biologische Einwirkung das positive Signal ausgelöst haben konnten und wahrscheinlich auch hatten.

Und wie stand es um das relativ narrensichere Experiment der Verbrennung toter Organismen? Bei diesem Test kamen keine Flüssigkeiten zum Einsatz, sondern es wurde nur überprüft, ob die radioaktiven Kohlenstoffatome aus der simulierten Marsatmosphäre vom Marsboden in der Testkammer aufgenommen würden. Das war tatsächlich der Fall: Das Signal war zwar nur schwach, doch der Verbrennungstest zeigte, daß *einige* Kohlenstoffatome in den Boden eingedrungen waren. Wiederum befahlen die Viking-Wissenschaftler ihrem weitentfernten Labor, den Test zu wiederholen, dieses Mal mit Marsboden, der zuvor drei Stunden lang erhitzt worden war, einmal auf 93 Grad und einmal auf 180 Grad Celsius. Das Erhitzen bei der niedrigeren Temperatur hatte keinerlei Auswirkungen, im zweiten Fall reduzierte sich die Zahl der vom Boden aufgenommenen Kohlenstoffatome um 90 Prozent. Niemand konnte sich Organismen auf dem Mars vorstellen, die Temperaturen von 93

Grad, geschweige denn von 180 Grad Celsius überstehen könnten. Also kamen die Biologen erneut zu dem Schluß, daß die Aufnahme einiger Kohlenstoffatome in den Marsboden durch einen nichtbiologischen chemischen Prozeß erfolgt war.

Chemie, Chemie, Chemie! Wenn alle diese chemischen Reaktionen ohne die Präsenz von Leben ablaufen können, wie können wir dann jemals durch chemische Experimente mit Sicherheit beweisen, daß es auf einem anderen Planeten Leben in Form von Mikroben gibt? Die Viking-Experimente zeigten die Problematik dieses Unterfangens auf. Die Erfahrungen von 1996 haben sie noch bestätigt. Selbst das beste chemische Labor auf der Erde kann die Frage, ob in dem Meteoriten ALH 84001 urzeitliches Leben vorhanden war, nicht beantworten.

Läßt sich allein durch chemische Verfahren die Existenz von Leben nachweisen?

Bill Schopfs Antwort lautet: «Nein.» Auf der Pressekonferenz vom 7. August 1996 machte Schopf klar, welchen «rauchenden Colt» er sehen wolle, bevor er von der Existenz fremden Lebens sprechen könne. Schopf will Zellwände sehen, Daten, die auf eine ganze Population von Organismen in unterschiedlichen Größen und Gestalten hinweisen, und er will Anhaltspunkte dafür, daß Zellteilung stattgefunden hat. Wie viele solcher Anhaltspunkte braucht er? «Geben Sie mir fünfhundert [Zellen, die Zellwände aufweisen], das ist genug», sagte er im August 1996. Die Ränder der Karbonatkügelchen in ALH 84001 mögen diese Art von Anhaltspunkten endlich liefern, für die Viking-Landefahrzeuge, die über keinerlei Mikroskope verfügten, war das unmöglich – unabhängig davon, ob solche Anhaltspunkte auf dem Mars tatsächlich existieren.

Sowohl die Suche nach Leben an der Marsoberfläche als auch die Analyse von ALH 84001 verlangen nach zusätzlichen

Anhaltspunkten, durch die sich die Existenz von Leben auf dem Mars bestätigen oder widerlegen läßt. Bei den Viking-Experimenten wurde ein weiteres wichtiges Instrument eingesetzt, mit dem der Anteil der verschiedenen Molekülarten im Marsboden und in der Atmosphäre des Planeten gemessen wurde. Mit diesem Instrument, einem sogenannten Massenspektrometer, wies man nach, daß der Marsboden keine Verbindungen enthält, die wir «organisch» nennen würden – das heißt, auf Kohlenstoff basierende Moleküle der Art, wie sie in lebenden Organismen auf der Erde vorkommen. Die Messungen mit dem Spektrometer erreichen eine Genauigkeit von bis zu wenigen Teilchen pro Milliarde. Selbst in der Antarktis, fern von jedem Lebewesen, enthält der Boden einen geringen Anteil organischer Materie, der entweder aus Zerfallsprodukten längst verschwundener Lebewesen oder aus Ablagerungen aus der Atmosphäre besteht. Das Fehlen jeglicher organischer Verbindung spricht gegen die Existenz von Leben auf dem Mars, obwohl dadurch noch kein schlüssiger Gegenbeweis erbracht ist.

Was läßt sich aus den Ergebnissen der Viking-Experimente auf dem Mars schließen? Nahezu alle Biologen, die sich eingehender mit den Ergebnissen der Viking-Missionen beschäftigt haben, kamen zu dem Schluß, daß die biologische Aktivität, die die Miniaturlabors hätten entdecken sollen, durch chemische Vorgänge auf dem Mars nachgeahmt wurde und daß der von den Landefahrzeugen eingesammelte Boden keinerlei Leben enthielt. Diese Experten können sich natürlich irren. Ein bekanntes Mitglied des Viking-Teams, der Biologe Gilbert Levin, meint, daß Mikroben auf dem Mars die einleuchtendste Erklärung für die Resultate der Viking-Experimente zur Entdeckung von Leben seien. Doch alle seine Kollegen sind gegenteiliger Ansicht: Die positiven Ergebnisse aus allen drei Experimenten ließen sich am besten durch chemische Reaktionen erklären, welche die Aktivität von Mikroorganismen auf der Erde nachahmten.

Die Tatsache, daß die Resultate der Experimente positiv waren, jedoch daraus auf die Abwesenheit von Leben geschlossen wurde, macht der NASA seit nunmehr zwei Jahrzehnten zu schaffen. Besonders beliebt war die Behauptung – die auch heute noch in der Boulevardpresse zu lesen ist –, die Wissenschaftler hätten 1976 tatsächlich Leben auf dem Mars entdeckt, aber die NASA habe dies seitdem geheimgehalten. Warum die NASA ein solches Interesse haben sollte, wird fast nie angesprochen. Wer allerdings den Gedanken einleuchtend findet, daß die Regierung der Vereinigten Staaten tiefgefrorene Leichen von Außerirdischen in Ohio aufbewahrt, dem mag auch die Vorstellung vernünftig erscheinen, die NASA halte die positiven Ergebnisse der historisch größten Suche nach außerirdischem Leben geheim. Dabei hätte ihr ein solcher Erfolg eine äußerst großzügige Finanzierung bis weit ins nächste Jahrtausend hinein gesichert.

Ausblick in die Zukunft – und in die Vergangenheit

1976, nachdem Viking 1 und Viking 2 ihre aufregende, aber letztlich fruchtlose Suche nach Leben auf der Oberfläche des Mars beendet hatten, ließ das Interesse an der Entdeckung außerirdischen Lebens nach. Die Wissenschaftler wußten zwar, daß die Viking-Sonden in sehr begrenztem Umfang Proben aus der Oberflächenschicht in der Nähe ihrer Landeplätze entnommen hatten, daß das Fehlen von flüssigem Wasser Leben auf dem Mars generell unwahrscheinlich machte und daß man allenfalls versuchen könnte, die Polarkappen zu erreichen oder Bohrungen in tiefere Schichten vorzunehmen. Aber dennoch blieb die unumstößliche Tatsache bestehen, daß der Mars als nach der Erde vielversprechendster Kandidat für Leben im Sonnensystem eine Enttäuschung gewesen war. Während der vergangenen zwanzig Jahre erschien uns der Mars wie ein toter

Planet. Er mochte voller Möglichkeiten stecken, jedoch bei der Suche der Menschheit nach anderen Lebensformen hatte er sich als kläglicher Fehlschlag erwiesen.

Mit den Veröffentlichungen von 1996 änderte sich all das schlagartig erneut. Der Mars ist tot, es lebe der Mars. Dort hat Leben existiert, auch wenn es schon Milliarden Jahre her ist! Einen eindeutigen Beweis für die Existenz von Leben hat ALH 84001 nicht geliefert, und möglicherweise wird er das auch niemals tun, aber der uralte Meteorit vom Mars enthüllt, daß es offenbar in ferner Vergangenheit auf dem Mars fließende Gewässer gab. Zum ersten Mal liegt uns handfestes Material vor, das von diesem Wasser geformt wurde: Karbonatkügelchen. Angesichts der neuen Informationen haben die Wissenschaftler, die davon träumten, mit größerem Wissen und besseren Techniken auf den Mars zurückzukehren, ihre Projekte überarbeitet. Wir können sie nun auf ihrem geistigen Ausflug begleiten und versuchen, ihre Pläne nachzuvollziehen. Im Geiste werden wir mit ihnen über die kalten, trockenen Ebenen des Mars wandern.

7 Künftige Mars-Missionen

All jene, die von weiteren Flügen zum Mars träumten, um auf dem roten Planeten nach Leben zu suchen, nahmen die Neuigkeiten über ALH 84001 so begierig auf wie verdurstende Wüstenwanderer das rettende Wasser. Wie das Schicksal es wollte, verfügte die NASA zu dem Zeitpunkt, als sich die aufregende Meldung verbreitete, über zwei unbemannte Raumfahrzeuge, die für einen Flug zum Mars nahezu fertig ausgerüstet waren, und Rußland über ein drittes. Durch diese Missionen können sicher nicht alle grundsätzlichen Fragen beantwortet werden, die eine mögliche Existenz urzeitlichen Lebens auf diesem Planeten aufwirft, zumindest aber werden sie unser Wissen über den Mars vergrößern und die lange Pause in der Erforschung dieses Planeten beenden.

Warten auf die richtige Konstellation

Alle drei Raumfahrzeuge mußten während der letzten beiden Monate des Jahres 1996 ins All geschickt werden, um von der Konstellation zwischen Mars und Erde zu profitieren, die einen Flug von unserem Planeten zum Mars mit dem geringsten Aufwand an Energie und Geld ermöglicht. Diese Konstellation tritt alle 780 Tage ein, wenn beide Planeten wieder dieselbe Orientierung im Verhältnis zur Sonne einnehmen. Der Grund dafür ist, daß die Erde den Mars in 780 Tagen einmal «überrundet». In diesem Zeitraum kreist sie 2,14mal um die Sonne, während der Mars mit einer wesentlich längeren Umlaufbahn und einem Tempo von 81 Prozent der Erdgeschwindigkeit nur 1,14 Umläufe beschreibt. Liegen heute günstige Startbedingungen vor, wird sich also eine ähnlich gute Gelegenheit erst zwei Jahre und sieben Wochen später wieder ergeben. Das nächste «Startfenster» für Flüge zum Mars wird sich zum Jahreswechsel 1998/1999 öffnen. Die NASA entwickelt und baut bereits unter größtem Einsatz Raumfahrzeuge, die diese Chance nutzen sollen.

Bei der Entwicklung der drei Raumfahrzeuge, die 1996 ins All geschickt wurden, hatte man das Hauptergebnis der Viking-Missionen vor Augen: Zum gegenwärtigen Zeitpunkt scheint kein Leben auf der Marsoberfläche zu existieren. Daher sind alle drei Projekte für eine Suche nach Leben nur in begrenztem Umfang geeignet. Die Raumfahrzeuge sind jedoch hervorragend dafür ausgerüstet, weitere Informationen über den Mars und seine Evolutionsgeschichte zu sammeln. Anhand dieser Unternehmungen wird man die Schwierigkeiten einschätzen können, vor die uns die Entsendung eines Raumfahrzeugs stellen würde, das Leben auf dem Mars aufspüren könnte – so es denn solches gibt. Werfen wir einen Blick auf die Zwecke, die diese Raumfahrzeuge noch vor Ende 1997 erfüllen können, und auf die weit umfangreicheren Aufgaben, die späteren Forschungsmissionen vorbehalten bleiben werden.

Die beiden NASA-Missionen: Mars Pathfinder und Global Surveyor

Die beiden NASA-Flüge zum Mars sind mit unterschiedlichen Zielsetzungen konzipiert worden. Der Mars Global Surveyor, Ende 1996 gestartet, wird den Mars im September 1997 erreichen. Dort wird er durch die dünne Marsatmosphäre abgebremst werden und mit Hilfe von Raketen seine Flugbahn korrigieren, bis er sich auf einer Umlaufbahn wenige hundert Kilometer über der Marsoberfläche befindet. Damit gelangt er in eine ausgezeichnete Ausgangsposition für die Vermessung der Oberfläche, die Analyse von Temperatur und Zusammensetzung der Marsatmosphäre und die Funkübermittlung dieser Daten zur Erde.

Bei der NASA hofft man, mit dem Global Surveyor eine der größten Schlappen in der Geschichte der planetaren Forschung wettmachen zu können: den Verlust des Mars Observer. Dieses mit enormem Aufwand entwickelte NASA-Raumschiff hatte im August 1993 den Mars in hervorragendem Zustand erreicht, dann aber den Funkkontakt zur Erde verloren. Trotz aller Bemühungen, die Verbindung wiederherzustellen, blieb das Raumfahrzeug verschollen. Der Mars Observer verschwand vier Jahre, nachdem die Sowjetunion zwei Raumschiffe verloren hatte: Phobos I und Phobos II, benannt nach einem der beiden kleinen Marsmonde, den sie mit Hilfe von Laser- und Landegeräten untersuchen sollten. Die Bodenkontrolle in der Sowjetunion verlor den Kontakt mit Phobos I noch während des Flugs zum Mars, offenbar aufgrund einer Fehlprogrammierung des Computers. Phobos II stellte die Signalübermittlung zur Erde unmittelbar nach der ersten Umkreisung des Mars ein.

«Wer nicht direkt an Raumfahrtmissionen beteiligt ist, kann sich schwerlich die Seelenqualen vorstellen, unter denen die Männer und Frauen leiden, die sich beruflich mit diesen Unternehmungen beschäftigen», sagt Tobias Owen, der sich selbst lange mit der Geschichte des Mars befaßt hat. «Alles, was diese Leute tun, ist mit Erwartungen befrachtet. Sie investieren etliche Jahre in Entwicklung und neue Erfindungen, in die Verbesserung der Software und die Überprüfung von Experimenten. In der Raumfahrt finden wir die raffiniertesten Geräte, die unsere Zivilisation herzustellen vermag und die *nicht* dazu bestimmt sind, jemanden zu töten. Sie sollen die Geheimnisse anderer Welten enthüllen. Wenn einer dieser wunderbaren Botschafter von der Erde verstummt, können die Auswirkungen verheerend sein. Bei uns machte sich nach Tränen und Depressionen schließlich ein gewisser Galgenhumor breit: Man begann von einem ‹großen galaktischen Unhold› zu sprechen, der in der Nähe des Mars lebe und sich von Raumschiffen ernähre. Vielleicht sei er auch durch die Viking-Satelliten und ihre Landegeräte von 1976 verärgert worden.» Es verwundert nicht sehr, daß die Boulevardpresse dieses Gerede von Wissenschaftlern und Ingenieuren in sensationsträchtigen Storys ausschlachtete. «Nachdem wir den Kontakt mit dem Mars Observer verloren hatten», erinnert sich Owen, «wurde der Verfolgungswahn in der Bevölkerung so groß, daß es zu einer merkwürdigen Demonstration vor dem JPL kam [dem Jet Propulsion Laboratory in Pasadena, Kalifornien, das die von der NASA zu anderen Planeten entsandten Raumschiffe überwacht]. Viele waren davon überzeugt, daß die Mission in Wirklichkeit Spuren einer hochentwickelten Zivilisation auf dem Mars gefunden habe und die NASA das geheimhalten wolle.»

Das Phänomen war nicht neu. Seit Owen auf einem der von den Viking-Satelliten übermittelten Fotos ein Gebilde aufgefallen war, das an ein menschliches Gesicht erinnerte, hatte sich in Teilen der Bevölkerung die Überzeugung breitgemacht, es handle sich um ein Monument, das eine urzeitliche Rasse hochentwickelter Marsbewohner hinterlassen habe. In Wirklichkeit zeugt das «Gesicht auf dem Mars» ähnlich wie der «Mann im Mond» oder der «Alte Mann aus den Bergen» von New Hampshire nur von der Neigung unseres Gehirns, vertraute Gestalten, besonders Gesichter, in zufälligen Anordnungen von Licht und Schatten wiederzuerkennen. Mit etwas Glück wird uns der Global Surveyor hochauflösende Bilder von dem «Gesicht auf dem Mars» liefern und so beweisen, daß die Topographie des Mars diejenigen genarrt hat, die sich narren lassen wollten. Solches Material könnte allen, die glauben, daß die NASA in ein riesiges Vertuschungsmanöver verwickelt sei, die Augen öffnen. Aber wahrscheinlich werden sie auch dann noch nach weiteren Beweisen verlangen.

Die drei Raumschiffe, die auf dem Weg zum Mars beziehungsweise in der Umlaufbahn um den Planeten verlorengingen, haben uns in der Erforschung des Planeten um Jahre zurückgeworfen. «Das Resultat der drei fehlgeschlagenen Raumfahrtmissionen war deprimierend», erinnert sich Owen. «Als man ALH 84001 analysierte, waren seit der äußerst produktiven Viking-Mission zwanzig Jahre vergangen. In der Zwischenzeit hatte kein Raumschiff mehr den Mars erreicht. Zum Vergleich: 1956, zwanzig Jahre vor der Landung der Viking-Landegeräte, brachten die Sowjets ihren ersten Erdsatelliten ins All. Während der achtziger und frühen neunziger Jahre verlangsamte sich die Erforschung des Sonnensystems dramatisch, einmal abgesehen von der Galileo-Mission zum Jupiter 1989. Zum Glück für alle, die am Mars interessiert sind, neigt sich diese Dürreperiode dem Ende zu.»

Am 4. Juli 1997, zwei Monate bevor der Global Surveyor in seine Umlaufbahn um den Mars eintreten wird, soll der im Dezember 1996 gestartete Mars Pathfinder auf der Marsoberfläche landen. Mit Hilfe eines Fallschirms wird er die Marsatmosphäre nutzen, um seine Geschwindigkeit zu verringern, die aber trotzdem noch bei einigen tausend Stundenkilometern liegen wird. Unmittelbar vor der Landung soll das Raumschiff daher seine kleinen Bremsraketen zünden und fünf Meter breite Airbags aufpumpen, durch die es nach dem Aufprall ungefähr zehn Meter hoch zurückfedern wird. Durch das Zusammenwirken der verschiedenen Bremssysteme soll der Mars Pathfinder unbeschädigt in einer der alten Flußebenen des Mars landen können. Diese Gegend namens Ares Vallis bietet einerseits eine relativ ebene Landefläche und befindet sich andererseits nahe am Äquator, so daß die Energieversorgung durch Solarzellen sichergestellt ist. Irgendwann möchten die NASA-Experten das Gebiet von Dao Vallis nach Fossilien absuchen. Dort glaubt man eine Art Kanal gefunden zu haben, der zu jener längst vergangenen Zeit, als es auf dem Mars noch fließende Gewässer gab, aus einer heißen Quelle entstanden sein könnte. Ares Vallis ist jedoch keine schlechte Alternative. Falls alles nach Plan abläuft, wird der Mars Pathfinder innerhalb einer 90 mal 160 Kilometer großen Ellipse in dieser Gegend landen.

Nach Abpumpen der Airbags werden kleine Motoren den Pathfinder aufrichten und die Schutzkappen über den wissenschaftlichen Instrumenten und den Antennen öffnen. Tagsüber wird Pathfinder mit Kameras die Landschaft vermessen und unterschiedliche Gesteinsarten analysieren. Meteorologische Instrumente dienen der Erforschung des Wetters auf dem Mars. Die wichtigste Neuerung ist ein Elektromobil, das auf einer Schiene zum Mars hinunter fahren wird: das erste von den Menschen entsandte Fahrzeug mit Selbstantrieb zur Erforschung der Marsoberfläche.

Große Projekte beginnen mit kleinen Schritten. Das «Geländefahrzeug» an Bord des Mars Pathfinder ist 45 Zentimeter lang und 60 Zentimeter hoch, nicht viel größer als die früher von begeisterten Teenagern ferngesteuerten Modellautos. Allerdings ist dieses Fahrzeug – ausgestattet mit einem Sonnenenergie-Elektromotor und einem sechsrädrigen pantagraphischen Fahrwerk, um dem relativ rauhen Terrain gerecht zu werden – teurer als jedes Luxusauto. Die NASA hat dem Geländefahrzeug den Namen «Sojourner» gegeben, zu Ehren von Sojourner Truth, einer berühmten schwarzen Predigerin aus der Zeit vor dem Bürgerkrieg. Als Sklavin in New York geboren, wurde sie 1827 von ihrem Besitzer unmittelbar vor Abschaffung der Sklaverei in diesem Bundesstaat freigelassen. Nach einem erfolgreichen Prozeß um die Freiheit ihres Sohnes (er war illegal an Sklavenhalter in die Südstaaten verkauft worden) änderte sie ihren Namen und predigte vor allem bei Veranstaltungen der feministischen Suffragetten für die Abschaffung der Sklaverei.

Mit jedem Tag auf dem Mars wird der Pathfinder neue interessante Stellen finden, die Sojourner erkunden kann. Von der Erde aus gesteuert, wird Sojourner über das hügelige Terrain rollen und sich dabei zwischen fünf und zehn Meter vom Landegerät entfernen. Sollte Sojourner auf einen Felsen stoßen, der zu hoch ist, um überquert zu werden, kann der Wagen ihn umrunden; allerdings muß er in Sichtweite des Landegeräts bleiben, um einwandfrei zu funktionieren.

Sojourner soll Gesteine untersuchen, die von den Kameras des Landegeräts als interessante Funde identifiziert worden sind, und ihre Zusammensetzung bestimmen. Hierfür ist das Geländefahrzeug mit winzigen Hochleistungskameras ausgestattet worden und besitzt eine Vorrichtung, um Gestein zu zertrümmern. Geologen auf der Erde werden auf diese Weise erstmals die Möglichkeit erhalten, frisch freigelegte Gesteinsoberflächen des Mars zu untersuchen. Außerdem kann Sojourner mittels Federkraft einen Dorn in Gesteine treiben, um deren Härte zu testen. Mit Hilfe eines Röntgenspektrometers können schließlich zusätzliche Informationen über die Zusammensetzung von Gesteinen gesammelt werden.

Wie der Global Surveyor repräsentiert auch der Mars Pathfinder das neue NASA-Zeitalter, das unter Daniel Goldins Motto «billiger, schneller, besser» steht. Die neuen Raumschiffe sind – inflationsbereinigt – wesentlich kostengünstiger als die Viking-Landegeräte, bei denen nicht Fallschirm und Airbag, sondern erheblich teurere Bremsraketen für eine weiche Landung sorgten und deren Miniaturlabors zum Kostbarsten gehören, was jemals auf der Erde angefertigt worden ist. Bei der NASA hofft man, mit dem Mars Pathfinder zu beweisen, daß auch bei einer Atmosphäre, die nur ein Prozent der Dichte der Erdatmosphäre besitzt, eine Landung ohne Raketen möglich ist. Analog dazu soll der Global Surveyor aufzeigen, daß es möglich ist, automatisierte Instrumentenplattformen zu geringen Kosten in eine Marsumlaufbahn zu schicken.

Der russische Beitrag: Mars 96

Das unbemannte russische Raumschiff Mars 96 wird den Mars Ende 1997 erreichen, ihn einmal umkreisen und dann zwei Landegeräte zur Marsoberfläche schicken. Zusätzlich wird es zwei «Penetratoren» entsenden, extrem widerstandsfähige Sonden, die mit hoher Geschwindigkeit in die Oberfläche geschossen werden und bis ein oder zwei Meter tief in den Marsboden eindringen sollen. Wenn die Penetratoren wie vorgesehen funktionieren, werden sie die ersten Messungen in einer Tiefe von mehr als ein paar Zentimetern unter der Marsoberfläche vornehmen. An der Oberfläche über ihnen werden sich Kameras und meteorologische Instrumente befinden, die zusätzliche Daten für eine mögliche Landung an dieser Stelle liefern sollen. Penetratoren und Landeeinheiten werden ihre Daten über den Global Surveyor zur Erde schicken, was eine erhebliche Kostenersparnis bedeutet. Der Erfolg des Global Surveyor ist daher für die internationale Gemeinschaft von größtem Interesse.

Die Landegeräte von Mars 96 werden ein Mars-Oxidantien-Experiment (MOX) durchführen. Dabei werden Hunderte von Teilen aus verschiedenen Materialien, darunter organische Verbindungen wie Aminosäuren und verschiedene Metalle, den Umwelteinflüssen auf dem Mars ausgesetzt. Mit Hilfe von Kameras werden Wissenschaftler auf der Erde verfolgen, wie diese Substanzen oxidieren (also Verbindungen mit den winzigen Sauerstoffmengen in der Atmosphäre des Mars eingehen). Indem sie feststellen, welche Oxidation unter den Umweltbedingungen des Mars schneller, welche langsamer abläuft, hoffen die Wissenschaftler folgern zu können, welche sauerstoffhaltigen Verbindungen in der äußersten Mars-Oberflächenschicht vorkommen – ein wichtiger Schritt zum Verständnis der Zusammensetzung des Marsbodens.

Die nächste Generation unbemannter Mars-Raumschiffe

Die drei beschriebenen Raumschiffe wurden entwickelt und gebaut, bevor die neuen Erkenntnisse über ALH 84001 bekannt geworden sind. Selbst für die nächsten Flüge zum Mars, deren Starts für Ende 1998 vorgesehen sind, ist der Zeitpunkt, zu dem noch grundlegende Änderungen möglich gewesen wären, bereits überschritten. Glücklicherweise wurde das wichtigste Projekt, Mars Surveyor, von Anfang an daraufhin konzipiert, den Mars als möglichen Lebensraum zu untersuchen.

Die NASA plant den Start des Mars Surveyor, der weit besser ausgestattet ist als der Global Surveyor oder der Mars Pathfinder, für Dezember 1998. Wie die Viking-Missionen wird auch Mars Surveyor aus einem Raumfahrzeug (Orbiter), das den Planeten umkreist, aus der Höhe beobachtet und Daten an die Erde übermittelt, sowie aus einem Landegerät bestehen, das auf einer begrenzten Fläche detaillierte Untersuchungen vornehmen kann. Anders als damals werden Orbiter und Landegerät getrennt zum Mars geschickt, so daß die NASA relativ kostengünstige Delta-II-Raketen für die Flüge einsetzen kann. Die Landeeinheit des Mars Surveyor wird auch nicht auf einer der großen Marsebenen aufsetzen, sondern in der Nähe der südlichen Polarkappe. Dort soll sie behutsam verschiedene Bodenschichten freilegen und deren Bilder an die Erde übermitteln. Innerhalb des gleichen Startfensters, zwischen Ende 1998 und Anfang 1999, wird die japanische Raumfahrtbehörde das Raumschiff Planet-B ins All schicken. Es soll den Mars umkreisen und zusätzliche Informationen über dessen Atmosphäre sammeln. Zu diesem Zweck wurde Planet-B mit einem von amerikanischen Wissenschaftlern konstruierten Spektrometer ausgerüstet, das eine genaue Bestimmung der atmosphärischen Komponenten des Mars ermöglicht.

Genug der Bilder und Messungen: Wann werden endlich Proben zur Erde geschickt?

Die Debatte darüber, ob durch ALH 84001 bewiesen ist, daß urzeitliches Leben auf dem Mars existiert hat, bewirkte zumindest diese Erkenntnis: Wenn wir definitive Beweise dafür finden wollen, daß es auf dem Mars Leben gibt, dann werden Fotos und Gesteinsmessungen aller Voraussicht nach nicht ausreichen. Wir brauchen *Proben* vom Mars, die in Labors auf der Erde eingehend untersucht werden können. Die Analyse von ALH 84001 hat eindrucksvoll gezeigt, wie genau wissenschaftliche Einrichtungen auf der Erde arbeiten können. Hochentwickelte Technologien ermöglichen es uns, winzige Mengen radioaktiver Atomkerne zu zählen und mit Hilfe von Lasern und elektrischen Feldern komplizierte chemische Analysen zu erstellen.

Automatisierte Labors wie die der Viking-Landegeräte mögen noch so eindrucksvolle Leistungen erbringen, aber falls Detailfragen wie die, mit denen McKay, Zare und ihre Mitarbeiter sich konfrontiert sahen, zu klären sein sollten, wird auch die neueste Generation dieser Miniaturwunderwerke außerstande sein, Spuren von gegenwärtigem oder fossilem Leben aufzuspüren. Durch glückliche Umstände bekamen wir ein Dutzend Gesteinsproben vom Mars in die Hand. Ihre Untersuchung kostete uns nicht einmal ein Tausendstel der Beträge, die selbst bei Entsendung des einfachsten Raumschiffs zu einem anderen Planeten entstehen. Weitere Analysen des Meteoriten vom Mars werden wahrscheinlich kaum noch neue Informationen darüber liefern, ob es dort früher einmal Leben gab. Selbst mit Fahrzeugen, die sich frei auf der Marsoberfläche bewegen, wird vermutlich nicht schlüssig zu beweisen sein, ob es heute auf dem roten Planeten noch Leben gibt.

Die Erfahrung lehrt uns, daß die Instrumente, die wir mit unseren neuesten Raumschiffen zu anderen Planeten schicken, bedauerlicherweise per definitionem zum Zeitpunkt ihrer Ankunft bereits überholt sind. Schuld daran ist nicht nur die lange Flugdauer (fast ein Jahr bis zum Mars oder zur Venus bzw. mehrere Jahre bis zu Jupiter, Saturn und den anderen Riesenplaneten), sondern vor allem die Tatsache, daß das Raumlabor vor dem Start entworfen, entwickelt, konstruiert und schließlich gründlich erprobt werden muß. Schließt sich das Startfenster, bevor das Raumschiff gestartet ist, kann es, zumindest beim Mars, über zwei Jahre dauern, bevor sich ein neues Fenster öffnet.

Holt man dagegen Proben zur Erde, dann werden diese niemals überholt sein. Ganz im Gegenteil, mit der Entwicklung neuer wissenschaftlicher Untersuchungsmethoden erhöht sich der Informationsgehalt ständig. Das Entnahmedatum spielt in diesem Fall keine Rolle. Ein gutes Beispiel dafür ist ALH 84001, der allerdings nicht von Menschenhand auf die Erde gebracht wurde. Durch die Analyse eines solchen Meteoriten verbessern sich die wissenschaftlichen Techniken, und das führt dazu, daß auch aus bereits untersuchten Proben mit verfeinerten Testmethoden neue Informationen gewonnen werden können. ALH 84001 ist ein «hartes Gestein», aus vulkanischer Aktivität entstanden und zu Eruptivgestein erstarrt. Für Astrobiologen sind jedoch vor allem Sedimentgesteine interessant, die unter Wasser durch allmähliche Ablagerungen entstehen. Auf der Erde enthalten diese Gesteine Fossilien; dagegen dürfte es selbst für einen erfahrenen Paläontologen schwierig sein, in Eruptivgestein Fossilien zu finden. Aber Sedimentgesteine sind nicht stabil genug, um durch Expulsion zur Erde zu gelangen. Ein Objekt, das solche Gesteine absprengt – falls es sie auf der Marsoberfläche gibt –, würde die Steine zerstören und in kleine Stücke zerschlagen, die auf der Erde nicht als Meteoriten zu erkennen wären.

Vielleicht wird es notwendig werden, automatisierte Geländefahrzeuge, die Orte erkennen, an denen Leben auf dem Mars möglich erscheint, mit Raumschiffen zu kombinieren, die anschließend Proben von der Marsoberfläche und den darunterliegenden Schichten zur Erde mitbringen. Ein aufregender Aspekt für künftige Missionen zum Mars! Nach dem gegenwärtigen Stand der NASA-Planung wird eine solche vielversprechende Kombination aber weder im Startfenster von 1998/1999 noch 2001 einsatzbereit sein. Realistisch erscheinen ein Start in der Mitte des Jahres 2003, Ankunft Anfang 2004 und das Eintreffen der Proben im Jahr 2005. Auf alle Fälle dürften im ersten Jahrzehnt des neuen Jahrtausends Gesteinsproben vom Mars auf die Erde gelangen – vorausgesetzt, daß der Enthusiasmus für die Erforschung des Mars groß genug ist, um die Finanzierung zu sichern. Am meisten würde sich darüber ein Mann freuen, der seit langem dafür wirbt, Proben vom Mars auf die Erde zu holen: Chris McKay.

Chris McKay und sein Kampf um Proben vom Mars

Chris McKay, der zweite wichtige McKay in unserer Geschichte, ist nicht mit David McKay verwandt, der die Untersuchung von ALH 84001 leitete. McKay, ein großer, hagerer, bärtiger Mann in den Vierzigern, promovierte vor 15 Jahren an der Universität von Colorado in Astrogeologie und erhielt dann eine Anstellung am NASA/Ames-Forschungszentrum in Kalifornien. Dort befaßte er sich mit den Beziehungen zwischen der Evolution des Sonnensystems und der Entstehung des Lebens. Auf der Suche nach marsähnlichen Bedingungen ist McKay in beide Polargebiete der Erde gereist. Er erkletterte die Hänge der antarktischen Trockentäler, um Imre Friedmann bei der Suche nach in Gestein verborgenem kryptoendolithischem Leben zu helfen, und tauchte im Trockenanzug im Lake Hoare, einem großen Gewässer auf der Sohle eines der Trockentäler, um die dort unter der ewigen Eisschicht lebenden Algen zu studieren.

«Eine Eisschicht sorgt dafür, daß der Rest des Sees darunter nicht zufriert», erklärt McKay. «Wäre Eis schwerer als Wasser, könnte sich so etwas nicht abspielen.» Das ist ein weiterer Grund dafür, daß Wasser ein ausgezeichnetes Lösungsmittel für jede Art von Leben darstellt. «Die Oberfläche von Europa [einem der vier großen Jupitermonde] ist mit Eis bedeckt. Die Bilder von Galileo [dem Raumschiff, das 1996 in eine Umlaufbahn um den Jupiter eintrat und die Bilder zur Erde übertrug] scheinen Risse im Eis zu zeigen. Möglicherweise deuten sie auf darunter befindliches Wasser hin. Das wäre eine großartige Gelegenheit zu untersuchen, ob Leben begünstigende Bedingungen – oder vielleicht sogar Leben selbst – dort bestehen könnten.»

Zwar übt Europa eine gewisse Anziehungskraft auf ihn aus, aber am meisten fasziniert McKay der Gedanke an eine Reise zum Mars, zunächst mit automatischen Geländefahrzeugen, später mit Raumschiffen, die Proben zur Erde zurückbringen können – und schließlich höchstpersönlich. «ALH 84001 hat uns zwei wichtige Dinge gelehrt, die bei der Entnahme von Proben und bei ihrem Transport zur Erde wichtig sein werden», sagt McKay. «Erstens: Die Tatsache, daß das erste urzeitliche Gestein vom Mars, das wir gefunden haben, flüssigem Wasser ausgesetzt war, bedeutet, daß jeder Stein auf der mit Kratern übersäten Marsoberfläche [die vermutlich vor Milliarden von Jahren entstand] interessant sein dürfte. Das bestätigt unsere Hypothese, daß sich der prähistorische Mars grundlegend von dem heutigen trostlosen, öden Planeten unterschied. Wir brauchen nicht zwei Jahrzehnte lang darüber nachzudenken, wo wir eine Probe entnehmen sollen, um sie zur Erde zu schicken, wenn sich schon das erste urzeitliche Gestein, das wir zufällig finden, als so interessant erweist. ALH 84001 belegt, daß der Mars vor 4,5 bis 3,5 Milliarden Jahren feucht und warm war und eine wasserstoffreiche Atmosphäre besaß. Bei Vorgängen, die sich einst auf dem Mars abspielten, wurden offensichtlich die Oberflächengesteine mit einer Kruste überdeckt, mit einer Schicht versiegelt, unter der unser Beweismaterial eingeschlossen ist. Jeder Riß und jede Spalte in den Urgesteinen auf dem Mars dürfte Hinweise auf Leben erbringen, falls es existiert.

Zweitens: ALH 84001 hat uns gelehrt, daß das mit Kratern übersäte Terrain auf dem Mars ein wichtiger Ort für die Suche nach Leben ist. Weite Teile dieses Geländes sind mehr als dreieinhalb Milliarden Jahre lang unberührt geblieben.» Die Astronomen leiten dies aus der großen Anzahl von Kratern ab, die vermutlich aus den späten Phasen der intensiven Bombardierung nach der Entstehung des Sonnensystems stammen. «Es ist nicht einfach, im kraterübersäten Hochland zu landen, weil die Oberfläche dort so zerklüftet ist. Außerdem liegt es fast zwei Kilometer höher als das Tiefland, so daß die Bremswirkung der Atmosphäre auf das Raumschiff dort noch geringer ist. Dennoch ist es der beste Ort, um Proben zu entnehmen. Danach kommen die Regionen der ausgetrockneten Seen und ihrer Zuflüsse, wo eine Landung einfacher ist. Für die Suche nach fossilem Leben auf dem Mars sind auch die ausgetrockneten Seen hervorragend geeignet. Dafür gibt es zwei praktische Gründe: Sie sind groß und flach, so daß man sie leicht identifizieren kann, und die Wahrscheinlichkeit, in einem ausgetrockneten See Fossilien zu finden, ist hoch – unabhängig davon, nach welcher Art von Leben man sucht. Schließlich legt unsere antarktische Umwelt die Vermutung nahe, daß Leben in einem See unter einer Eisschicht fortbestehen kann, wenn das Klima trockener wird.»

Die großen Neuigkeiten vom Mars aus dem Jahr 1996 sind für die NASA natürlich eine wichtige Motivation, Proben auf die Erde zu holen. Es wäre jedoch verfrüht, bereits jetzt ein Datum für eine solche Mission zu nennen. «Den ersten Stein bekamen wir [fast] umsonst, aber die nächsten werden etwa 300 Millionen Dollar kosten», erklärt McKay. «Wir sollten bald ein Unternehmen planen, um Proben [vom Mars auf die Erde] zu holen. Es könnte eine einfache, schnelle Mission sein, bei der man sich nur eine Handvoll Steine und Staub greift.» Diese Mission würde 300 Millionen Dollar kosten, Raumschiffe mit fortschrittlicherer Technologie wesentlich mehr: «Es ist teuer, Proben auf die Erde zu bringen.» McKay macht sich keine Illusionen. «Momentan müssen wir froh sein, wenn man uns nicht die Mittel [für die Mars-Erforschung] kürzt.»

Menschen auf dem Mars?

Spricht man von der Erforschung des Mars, stellen sich die meisten vor, daß dort *Menschen* anwesend sind. Automatische Landegeräte, Geländefahrzeuge und Forschungsgeräte, die Oberflächenstrukturen fotografieren, Bohrproben aus tieferen Bodenschichten entnehmen und die Ränder der Polarkappen untersuchen, mögen nützlich sein, aber ihr wichtigster Zweck kann doch nur darin bestehen, den Weg für menschliche Forscher zu bereiten. Hat der Mensch neue Horizonte nicht immer auf diese Weise erschlossen? Liegt unser Schicksal nicht in der Kolonisierung der benachbarten Planeten?

Als sich Ray Bradbury, Verfasser des bekannten Romans *Die Mars-Chroniken*, zu den Neuigkeiten vom Mars äußerte, gab er dieser fundamentalen menschlichen Überzeugung Ausdruck, nur persönliche Besuche von Menschen auf dem Planeten lohnten die Mühe. «Die anscheinende Entdeckung von Leben auf dem roten Planeten ist nur dann unsere Aufregung wert», meint Bradbury, «wenn wir uns dadurch zu einer größeren Metapher führen lassen: Die Menschheit gleitet über die blinde Retina des Kosmos, in der Hoffnung, gesehen zu werden, gezählt zu werden, überhaupt zu *zählen* . . . Lassen wir uns von Verrazano inspirieren, der von König Franz I. ausgesandt wurde, um einen unbekannten Kontinent zu erforschen ... Das nächste Mal [wenn wir auf dem Mars landen] müssen wir uns physisch dorthin begeben, um aus nächster Nähe auf das Wunder zu blicken, das der Mars offenbar darstellt ... Der Mars ist eine tote Welt, die darauf wartet, zum Leben erweckt zu werden ... Manche meinen, wir könnten uns das nicht leisten. Wir können es uns nicht leisten, darauf zu verzichten.»

Mit diesen Zeilen erfaßt Ray Bradbury das Wesen der menschlichen Reaktion auf das riesige uns umgebende Universum: ein Gefühl der Einsamkeit und der damit gepaarte Wunsch, mit dem Kosmos in Verbindung zu treten. Wir sehnen uns danach zu erfahren, was dort draußen existiert, und die fernen Gestirne zu besuchen; wir wollen daran glauben, daß wir Menschen diese toten Welten zum Leben erwecken können. Diese tief in uns verwurzelten Ideen spiegeln unsere innersten Gefühle hinsichtlich des Lebenssinns wider. Sie verdienen den Respekt derer, die kosmische Forschungsunternehmen organisieren, einmal wegen ihrer spirituellen Bedeutung und zum anderen wegen ihrer politischen Auswirkungen – «politisch» hier im weitesten Sinne verstanden. Ich selbst teile einige dieser Gefühle. Dennoch möchte ich auch die Argumente darlegen, die gegen eine Entsendung von Menschen auf den Mars sprechen, solange nicht zumindest durch einige Generationen unbemannter Raumschiffe mehr über unseren himmlischen Nachbarn in Erfahrung gebracht worden ist.

Was spricht dagegen, Menschen auf den Mars zu schicken? Intuitiv würde man antworten: nichts. Die Schwierigkeiten, die Gefahren, die Kosten – all das sind überwindbare Hindernisse, denen die enorme Genugtuung gegenüberstünde, einen anderen Planeten nicht durch Roboter, sondern durch Menschen zu erforschen, die ihre Zielsetzung und ihren Aufenthaltsort den wechselnden Erfordernissen anpassen können und den Triumph des Augenblicks fühlen, in dem sie eine neue Welt betreten. «Von Angesicht zu Angesicht ... mit etwas, das den [menschlichen] Fähigkeiten zu staunen angemessen ist», um es mit F. Scott Fitzgerald zu formulieren. Niemand sollte die Motivationskraft unterschätzen, die durch menschliche Sehnsucht entsteht. Sollte die menschliche Rasse noch einige Jahrhunderte überleben, so halte ich es für nahezu sicher, daß Menschen persönlich den Mars und andere Planeten des Sonnensystems erforschen werden. Kurzfristig erscheint jedoch (zumindest mir!) das Argument überzeugend, daß die Erforschung des Mars durch Menschen so teuer ist und so hohe Risiken der Verunreinigung durch irdische Lebensformen birgt, daß wir uns zunächst auf die systematische Untersuchung des Planeten mit Robotern konzentrieren sollten.

Betrachten wir nüchtern – wissenschaftlich, wenn ich so sagen darf – alternative Möglichkeiten zur Erforschung des Planeten, dann hätte eine Entsendung von Menschen meiner Meinung nach die gleichen Nachteile wie nach Ansicht eines britischen Adligen der Geschlechtsakt: «Das Vergnügen ist flüchtig, der Aufwand enorm, die Position lächerlich.» Ich zitiere diese Zeilen, um daran zu erinnern, daß nicht alle unsere Handlungen von sachlicher Analyse bestimmt werden. Der psychische Gewinn, den die Erforschung des Mars durch Menschen mit sich bringen könnte, mag derart verlockend erscheinen, daß wir uns trotz aller logischen Gegenargumente dazu entschließen. Trotzdem bleibt die Tatsache, daß der Aufwand für einen bemannten Raumflug zum Mars enorm wäre, mindestens zehn-, wenn nicht hundert- oder tausendmal größer als bei einem unbemannten Raumschiff. Das Vergnügen wäre in der Tat flüchtig, da wir nur einmal die große geistige Befriedigung erleben können, den Mars zum ersten Mal persönlich erreicht zu haben. Die Position ist in jedem Fall lächerlich, denn die Logik sagt uns, daß die Zeit, um Menschen zum Mars zu entsenden, kommen wird, wenn wir durch unbemannte Missionen erst einmal so viel erfahren haben, daß eine solche Mission gründlich geplant werden kann. 1961 stieß Präsident John F. Kennedy in der amerikanischen Bevölkerung auf offene Ohren, als er ankündigte: «Wir haben uns entschlossen, zum Mond zu fliegen.» Ich finde, der Zusammenhang zwischen der Eile, mit der Menschen auf den Mond geschickt wurden, und dem Wettrüsten mit der Sowjetunion ist ziemlich offenkundig. Schließlich wurde in den vergangenen 25 Jahren kein menschlicher Forscher mehr auf den Mond entsandt. Das Unternehmen war nicht zu Ende gedacht worden, und plötzlich erschien die Erforschung des Mondes die Mühe nicht mehr wert.

Im September 1996, fünf Wochen nachdem zum ersten Mal publik wurde, daß möglicherweise urzeitliches Leben auf dem Mars existiert hatte, erklärte Präsident Clinton, daß die Vereinigten Staaten den Mars in absehbarer Zukunft mit Instrumenten und Geräten, nicht aber durch Entsendung von Menschen erforschen würden. In einer Studie gelangte die Clinton-Administration zu dem Schluß, daß das von der Bush-Administration gesetzte Ziel, bis zum Jahr 2019 Menschen zum Mars zu schikken (und sie wieder zurückzubringen!), zu teuer und zu risikoreich wäre, um weiter verfolgt zu werden. Für Dezember 1996 berief Clinton ein Expertentreffen ein, bei dem beraten werden sollte, wie sich der Mars am besten durch unbemannte Missionen erforschen ließe.

Die Erklärung des Präsidenten war zeitlich so angesetzt worden, daß sie mit dem Ende des längsten Raumflugs zusammenfiel, den je ein Amerikaner absolviert hat. Astronaut Shannon Lucid verbrachte zusammen mit zwei russischen Wissenschaftlern sechs Monate in der Raumstation Mir. Lucids beeindruckende, nur noch von dem einjährigen Raumflug eines Russen übertroffene Leistung zeigt, daß Menschen über sehr lange Zeiträume Schwerelosigkeit und andere verwirrende Reize (beziehungsweise Reizmangel) ertragen können, die zu einem Weltraumflug gehören. Bei einer Reise von der Erde zum Mars würde sich weniger das Problem stellen, ob Menschen den Flug überleben könnten, die entscheidenden Fragen lauten vielmehr: Steht der riesige finanzielle Aufwand in angemessenem Verhältnis zu den zu erwartenden Ergebnissen? Wollen wir das Risiko eingehen, den Planeten so zu verunreinigen, daß man nie mehr beurteilen kann, ob auf dem Mars vorgefundene Lebensformen dort einheimisch oder von der Erde mitgebracht worden sind?

Einerseits besteht nicht unbedingt ein Widerspruch zwischen der Notwendigkeit, den Mars mit Robotern zu erforschen, und dem Wunsch, Menschen dorthin zu schicken. Jedem ist klar, daß der eine Schritt vor dem anderen zu erfolgen hat und noch einige unbemannte Missionen erforderlich sind, um das Feld für den Menschen auf dem Mars zu bereiten. Auf der anderen Seite streitet unser Herz mit unserem Verstand: Wir wollen Menschen auf dem Mars sehen, aber hierfür müssen wir mehr über die dort herrschenden Bedingungen erfahren. Ein dritter Aspekt: So wie wir unser Verhältnis zur irdischen Umwelt überdenken mußten, können wir – und sollten wir wahrscheinlich – auch unsere Einstellung zum Kosmos revidieren. «Eventuell [auf dem Mars] existierende Lebensformen gilt es zu respektieren», sagt die Astronomin Jill Tarter. «Sollte es dort Leben geben, dann ist die Situation eine andere, als wenn der Planet unbewohnbar ist.» Vielleicht setzt sich diese Haltung weit genug durch, um der Verwirklichung von Plänen, Menschen auf den Mars zu schicken, zumindest vorübergehend Einhalt zu gebieten, selbst wenn die Mittel dazu vorhanden wären.

Ich möchte Ihnen aus tiefer Überzeugung sagen, daß wir lernen können, unbemannte Raumschiffe als verlängerten Arm der Menschheit anzusehen. Als das erste Bild der vom All aus fotografierten Erde veröffentlicht wurde, waren die Menschen am meisten davon beeindruckt, daß sie zum ersten Mal ihren gesamten Planeten sehen konnten. Die Tatsache, daß die Fotos aus dem All von Astronauten aufgenommen worden waren, spielte eine untergeordnete Rolle. Sollten Roboter auf dem Mars Fossilien finden, wäre das, wie ich finde, genauso aufregend, als wenn menschliche Forscher diese Entdeckung machten. Es liegt letztlich an uns selbst, was wir aufregend finden. Natürlich reagieren wir am ehesten auf andere Menschen, aber wenn es uns gelingt, unsere Stellung im Kosmos besser zu verstehen, dann, glaube ich, wird uns in Zukunft wichtiger sein, was wir wissen, als die Frage, durch wen wir davon erfahren haben.

Die ferne Zukunft und die Umgestaltung des Mars

Um keine Alternative außer acht zu lassen, wollen wir annehmen, daß früher oder später wirklich Menschen auf dem Mars landen werden. Dabei werden sie sich (hoffentlich!) bemühen, die Umwelt nicht zu beeinträchtigen. Sie werden wissenschaftliche Stationen einrichten, um von dort aus den vierten Planeten der Sonne zu erforschen. In Science-fiction-Romanen wäre das eher der Anfang als das Ende der Geschichte, und in der Tat: Warum sollte man sich nicht vorstellen, daß auf dem Mars irgendwann im nächsten Jahrtausend Menschen leben werden? Was dürfen wir also von ihrer Anwesenheit und ihren Aktivitäten dort erwarten?

Manche Wissenschaftler, zum Beispiel Chris McKay, sind von der «Terraforming» genannten Möglichkeit fasziniert, den Planeten nach dem Bild der Erde umzuwandeln. «Grob gesagt gibt es zwei Konzepte, nach denen sich der Mars der Erde ähnlicher machen ließe», sagt McKay. «Zum einen könnte man auf dem Mars eine Situation schaffen, die der irdischen ähnelte, bevor hier der Sauerstoffgehalt der Luft zunahm. Das würde bedeuten, daß auf dem Mars eine wesentlich dichtere Atmosphäre zu erzeugen wäre, die aber noch immer zum größten Teil aus Kohlendioxid bestünde. Wir müßten hierfür den Mars erwärmen, bis die Polarkappen sublimierten und ihr Kohlendioxid in die Atmosphäre abgegeben würde.» Der

Übergang großer Mengen von Kohlendioxid in die Marsatmosphäre würde einen starken Treibhauseffekt auslösen; die zurückgehaltene Sonnenwärme würde das gasförmige Kohlendioxid hindern, sich erneut in fester Form an den Polen abzulagern; flüssiges Wasser könnte entstehen, und die Temperatur auf der gesamten Marsoberfläche würde beträchtlich ansteigen.

Aber wie sollen wir die Polarkappen des Mars zum Schmelzen bringen? «Mit Super-Treibhausgasen», erklärt McKay. «Mit FCKW – diesem Zeug, das so schlecht für die Erde ist, weil unser Planet ja nicht wärmer werden soll. Sie sind unglaublich viel effektiver als normale Treibhausgase, etwa Kohlendioxid.» Setzte man der Atmosphäre des Mars eine relativ kleine Menge FCKW zu, so würde sich der Planet für viele Jahre drastisch erwärmen. Irgendwann verschwänden die Gase wieder aus der Atmosphäre, indem sie in großen Höhen Verbindungen mit anderen Molekülen eingingen.

Und wie macht man aus einer kohlendioxidreichen eine sauerstoffreiche Atmosphäre? «Der zweite Schritt, um den Mars wirklich der Erde ähnlich zu machen, ist viel schwieriger. Die Polarkappen lassen sich mit relativ geringem Energieaufwand zur Verdampfung bringen; um jedoch die Atmosphäre mit Sauerstoff anzureichern, müßte man die chemischen Verbindungen aufbrechen, die den Sauerstoff gegenwärtig im Boden binden. Dazu bräuchte man sich selbst reproduzierende Maschinen: Pflanzen.» In McKays Vision von Schritt zwei geschieht die Umwandlung des Mars in eine zweite Erde durch zahllose algenähnliche Pflanzen, die in den durch Schritt eins entstandenen Seen auf dem Mars leben. Wie Pflanzen auf der Erde würden die Algen Kohlendioxid absorbieren und Sauerstoff freisetzen. «Die Polarkappen zu schmelzen würde ein paar Jahrzehnte dauern», sagt er. «Aber Schritt zwei dauert ungefähr hunderttausend Jahre. Es gibt keine Möglichkeit, die durch Pflanzen bewirkte Freisetzung von Sauerstoff aus Kohlendioxid zu beschleunigen. Aber am Ende ließe sich auf dem Mars eine globale Biosphäre schaffen, die genauso reichhaltig und produktiv wäre wie die der Erde.»

Nicht jedem erscheint die Umwandlung des Mars in eine zweite Erde erstrebenswert. «Für mich stellen sich drei Fragen», sagt McKay. «Können wir? Sollen wir? Werden wir? Können werden wir es sicherlich irgendwann. Sollen wir? Meine Antwort lautet: ja. Weil für mich Leben über allem steht. Leben zu verbreiten ist eine wichtige und nützliche Aufgabe.» Genau diese Haltung vermuten Crick und Orgel bei außerirdischen Zivilisationen bezüglich gezielter Panspermie. «Werden wir?» fragt McKay. «Ich glaube nicht. Die Kosten wären sehr hoch – und mit welchem Ergebnis? Am meisten würden natürlich die Menschen auf dem Mars, nicht die auf der Erde, davon profitieren. Daher wären diese auch viel eher bereit, einen Großteil ihres Bruttosozialprodukts für ein solches Projekt auszugeben.»

Die Idee, den Mars durch Terraforming in eine zweite Erde umzuwandeln, kommt mir vor, als wolle man auf dem Gipfel des Mount Everest einen Erlebnispark einrichten. Das mag vielleicht eines Tages geschehen, aber dabei wird etwas sehr Wertvolles verlorengehen. Um so mehr sollten wir uns davor hüten, einen ganzen Planeten umgestalten zu wollen. Als guter Bürger bin ich bereit, an das Volk und die von ihm gewählten politischen Führer zu glauben. Wie Bertrand Russell erläutert, können letztere nicht dümmer als erstere sein, denn wie dumm die Führer auch sein mögen – das Volk müßte noch dümmer sein, um sie zu wählen. Von diesem Standpunkt aus blicke ich zuversichtlich in die Zukunft.

Damit endet unsere Untersuchung der Fragen, was der Stein vom Mars für uns bedeutet, wie er sich in das Lehrgebäude der Wissenschaft einfügt und welche Gedanken ALH 84001 in unseren Gemütern aufgewühlt hat.

8 Die Suche nach Leben auf dem Mars – oder: Wissenschaft als Lebensstil

Diese Geschichte von der Suche nach Leben auf dem Mars und den Schlußfolgerungen auf die Existenz von Leben im Universum gehört in einen größeren Zusammenhang. ALH 84001 und die zugehörigen Projekte sind ein hervorragendes Beispiel dafür, wie wissenschaftlicher Fortschritt entsteht: durch harte Arbeit, Intelligenz und auf Erfahrung beruhender Spekulation. Knapp und eindrücklich erhellen die Entdeckungen und Diskussionen zu möglichem urzeitlichem Leben auf dem Mars auch die Unterschiede zwischen der Weltsicht der meisten Menschen und den Verfahren, die Wissenschaftler zur Erforschung des Kosmos anwenden.

Der Unterschied zwischen wissenschaftlicher und nichtwissenschaftlicher Weltsicht

Wissenschaft ist organisierter Skeptizismus. Das Adjektiv und das Substantiv sind Schlüsselwörter bei der Definition einer wissenschaftlichen Sichtweise der Welt. Der Skeptizismus erlaubt es den Wissenschaftlern – und jedem anderen, der sich seiner bedient – anzuzweifeln, was man ihnen gegenüber behauptet. Es mag seltsam erscheinen, daß der Zweifel das Fundament der Wissenschaft sein soll, die doch scheinbar aus einer Unmenge Fakten und Formeln besteht, die das Verständnis des normalen Menschen übersteigen und von diesem daher gläubig hingenommen werden müssen. Doch jeder Wissenschaftler hört während seiner Ausbildung zahllose Geschichten, die diesen Grundsatz bestätigen, von Männern und Frauen, welche die herkömmliche Weisheit anzweifelten und so den Durchbruch zu einem neuen Verständnis schafften, das eine Reihe von Beobachtungen in neuem Licht erscheinen ließ.

Da dieser Skeptizismus organisiert ist, vermag er die wissenschaftliche Erkenntnis voranzutreiben. Kündigt ein Wissenschaftler einen neuen Durchbruch an, ist die erste Reaktion seiner Kollegen in hohem Maße organisiert: Sie bezweifeln die Neuigkeit, da sie aus eigener Erfahrung und aus Berichten wissen, daß sich die meisten neuen Ideen als irrig erweisen. Die Organisation der Wissenschaft belohnt nicht nur neue Ideen, sondern auch deren Widerlegung. So ist eine Hierarchie der Skepsis entstanden, anhand derer sich einschätzen läßt, wie ernst die Zweifel zu nehmen sind. Am schwersten wiegt der Einspruch etablierter Fachleute auf dem gleichen wissenschaftlichen Gebiet – Experten, deren Forschungsergebnisse ihrerseits den Test des Anzweifelns bestanden haben. Danach kommen die anderen, die auf dem gleichen Gebiet tätig sind und an ihrer Reputation – und damit auch an ihrer Karriere – noch arbeiten. Hierfür ist es ebenso gut – wenn nicht sogar besser –, wenn man, statt eigene neue Forschungsergebnisse vorzulegen, unwiderlegbar beweist, daß die kühne Hypothese eines anderen Wissenschaftlers falsch ist.

Diese Vorgehensweise mag als rüde und unvereinbar mit dem erscheinen, was auf der Ebene persönlicher Beziehungen als gutes Benehmen gilt. Für Wissenschaftler ist dieses Verhalten oberstes Gebot, weil sich herausgestellt hat, daß wir so am effizientesten unser Wissen erweitern können. Wer sich nicht vom Skeptizismus leiten läßt, der die Welt der Wissenschaft regiert, kann den Attacken der Zweifler nicht lange widerstehen. Ein Wissenschaftler, der eine Theorie vertritt, weil sie ihm oder seinem Vorgesetzten gefällt oder ihm eine Prämie einbringt, würde am Ende mehr verlieren als gewinnen, wenn sich herausstellte, daß er sich getäuscht hat. Manche Irrtümer mögen großartig sein, und eine sorgfältig durchdachte Hypothese, die sich später als falsch erweist, macht ihrem Schöpfer keine Schande, doch letztlich zählen einzig Theorien, die nicht nur interessant, sondern auch richtig sind.

Im wissenschaftlichen Bereich kämpft jeder Wissenschaftler um die Aufmerksamkeit seiner Kollegen. Er veröffentlicht die Ergebnisse seiner Arbeit und wartet auf die organisierte skeptische Reaktion. Die erste Frage der anderen Wissenschaftler lautet: Warum sollte ich das für richtig halten? Damit beginnt eine Phase der Prüfung, an deren Ende die neue naturwissenschaftliche Theorie entweder verworfen oder akzeptiert wird; besteht sie den Test, wird sie von den Wissenschaftlern als richtig bezeichnet, wenn auch nur unter Vorbehalt, da spätere Entdeckungen und Analysen eine Korrektur notwendig machen können. Selbstverständlich verbringen die Wissenschaftler ihr Leben nicht damit, alles anzuzweifeln, was sie hören oder lesen. Sie sparen sich ihren Skeptizismus für das auf, was aus ihrer Sicht neu und wichtig ist. Ihre Belohnung liegt in ihrer eigenen Art zu glauben begründet: Ihre Überzeugungen müssen ihrem eigenen Skeptizismus und (noch wichtiger) dem ihrer Kollegen standhalten. Der berühmte Physiker Richard Feynman hat das treffend ausgedrückt, als er die Behauptung, vorzeitliche Astronauten hätten die Erde besucht, mit der Bemerkung vom Tisch wischte, es sei harte Arbeit, den Wahrheitsgehalt einer Theorie zu beweisen.

Feynman meinte nicht, es sei unmöglich, daß vorzeitliche Astronauten die Erde besucht hätten, er wandte nur ein, daß diese Hypothese ohne jede Überprüfung aufgestellt worden sei. Warum untersuchte Feynman diese wichtige Theorie dann nicht selbst? Offensichtlich war er der Meinung, daß eine solche Untersuchung aller Wahrscheinlichkeit nach keine sinnvollen Ergebnisse erbringen würde; kurz gesagt, er hatte Wichtigeres zu tun. Die Weigerung der Wissenschaft, sich mit Ideen zu beschäftigen, die von außerhalb der wissenschaftlichen Gemeinschaft stammen, kommt manchem Außenseiter wie reine Provokation vor, zum Beispiel denjenigen, die nach einer weiteren Untersuchung des «Gesichtes auf dem Mars» verlangen. Diese Verweigerung ist Teil des *organisierten* Skeptizismus der Wissenschaftler, die eine Art «Syndikat» erzeugt hat. Wer nicht Mitglied ist, kann weder mit der Aufmerksamkeit noch mit dem Respekt von Wissenschaftlern – soweit sie als Experten gefragt sind – rechnen. Wie der wissenschaftliche Skeptizismus selbst mag dieser Mangel an Respekt hart, elitär und antidemokratisch scheinen. Das trifft zu, aber nur dadurch ist die Wissenschaft erfolgreich.

Abgesehen davon, daß die Regeln der Wissenschaft undemokratisch sind, verletzen sie das oberste Gebot menschlichen Glaubens, daß einem diejenigen Ideen überzeugend erscheinen, die emotionalen Gewinn bringen. Niemand weiß besser als die Wissenschaftler, daß wir alle glauben, was uns gefällt, und die Realität nicht notwendigerweise mit diesen Überzeugungen übereinstimmen muß. Würde einen die Wissenschaft nicht belohnen, indem sie einen tieferen Einblick in die physische Wirklichkeit gewährt als jedes andere Glaubenssystem, dann würde sich wohl niemand auf Aktivitäten einlassen, die nur allzu oft den innersten Gefühlen des Menschen gegenüber dem Kosmos widersprechen. Obwohl sich die Wissenschaftler bemühen, ihre Gefühle und Vorurteile auszuschalten, ist ihnen die Gefahr bewußt, in der sie ständig schweben und die zu der wissenschaftlichen Maxime geführt hat, daß Theorien nie widerlegt werden, sondern mit ihrem Urheber sterben. Mit ihrem organisierten Skeptizismus setzt die Wissenschaft die Vorurteile eines Menschen gegen die sich davon (hoffentlich) unterscheidenden eines anderen. So hat man eine gute Chance, bei der Debatte darüber, was Realität ist, auf dem richtigen Weg voranzukommen.

Bemerkenswert ist, daß der wissenschaftliche, organisierte Skeptizismus die Forscher zwingt, um die Aufmerksamkeit ihrer Kollegen zu ringen. Wie in anderen Bereichen gibt es in der Wissenschaft eine große Zahl von Arbeitskräften, die einander widersprechende Anforderungen in begrenzten Zeiträumen erfüllen müssen. Im Unterschied zu anderen Gebieten ist Erfolg nur dadurch zu erreichen, daß zahl- oder einflußreiche Kollegen (am besten beide) von der Arbeit eines Forschers Notiz nehmen. So gesehen ist es daher am wichtigsten, bekannt zu sein. Ein außerordentlich erfolgreicher Wissenschaftler berichtete mir einmal von einem Erlebnis unmittelbar nach seiner Promotion. Er besuchte einen Kongreß zu seinem Fachgebiet und war unangenehm überrascht, daß offenbar niemand den Artikel gelesen hatte, den er just zu dem Kongreßthema geschrieben hatte. «Ich schwor mir auf der Stelle, daß das nie wieder vorkommen würde», sagte er. Wenig erstaunlich, daß die Arbeit dieses Mannes, eines Mitglieds der renommierten National Academy of Sciences, große Beachtung findet – was allerdings für ihn wie für andere Wissenschaftler wertlos wäre, hätten seine Forschungsergebnisse nicht den Zweifeln seiner Kollegen standgehalten.

Da sich die wissenschaftliche Weltsicht grundsätzlich von der der meisten Menschen unterscheidet, fühlen sich Wissenschaftler oft psychologisch gehemmt, wenn sie erklären sollen, warum sie bestimmte Behauptungen für richtig halten oder, noch schlimmer, wenn sie darlegen sollen, warum völlig abwegige Theorien schlicht und einfach falsch sind. Da ihnen im tiefsten Inneren bewußt ist, daß der größte Teil der Menschheit ihren organisierten Skeptizismus niemals akzeptieren wird, erliegen sie oft einem verbreiteten menschlichen Irrtum und verhalten sich so, wie es der Autor Ring Lardner am Beispiel seines Vaters treffend beschrieben hat: «‹Halt die Klappe›, war seine Erklärung.» Die Wissenschaftler müssen sich einer grundlegenden Wahrheit über unsere Gesellschaft bewußt werden: Auch wenn deren Mitglieder die Errungenschaften der Wissenschaft respektieren mögen (und dieser Respekt hat wohlbekannte Grenzen), werden sie doch niemals deren grundsätzliche Einstellung übernehmen. Daher wird aus dem Versuch einer wissenschaftlichen Erklärung meist das Zitat einer Autorität. Der Leser dieses Buches mag selbst entscheiden, wieviel aus den voranstehenden Kapiteln zu dieser Kategorie gehört.

Obige Beschreibung charakterisiert die Wissenschaft in ihrer edelsten Form. In der Realität vertreten Wissenschaftler natürlich deshalb Theorien, weil sie ihnen selbst oder ihrem Chef gefallen oder mehr Geld einbringen. Wissenschaftler sind Menschen und leiden folglich unter den Schwächen der menschlichen Natur. Häufig machen sie sowohl wissenschaftliche wie auch persönliche Fehler, indem sie zum Beispiel die Regeln wissenschaftlicher Debatten mißachten. Es ist keine Schande, mit höchstem Engagement beweisen zu wollen, daß ein anderer Wissenschaftler im Irrtum ist, oft erweckt das sogar die Bewunderung anderer Kollegen, während Angriffe auf die Persönlichkeit oder das Verhalten des Wissenschaftlers ebenso zu weit gehen wie im täglichen Leben. Ersteres hilft der Wissenschaft in ihrem Streben, die Wahrheit über diese Welt zu erkennen, während letzteres nur zu den persönlichen Unannehmlichkeiten beiträgt, mit denen wir alle uns herumzuschlagen haben.

Das Wort «Wahrheit» mag uns daran erinnern, daß Gelehrte außerhalb des naturwissenschaftlichen Bereichs – die ihrerseits danach streben, daß ihre Theorien von ihren eigenen Kollegen akzeptiert werden – die Hypothese aufgestellt haben, in der Natur gebe es keine Wahrheit. Statt dessen konstruiere sich jeder von uns seine eigene «Wahrheit», einige dieser Wahrheiten würden dann von der Gesellschaft als «die» Wahrheit bezeichnet. Diese Weigerung anzuerkennen, daß es in der Natur tatsächlich eine Wahrheit gibt, die man teils auf praktischem, teils auf theoretischem Wege entdecken kann, kommt den meisten Wissenschaftlern zu lächerlich vor, um sie zu diskutieren; für sie befindet sich diese Hypothese auf dem Niveau der Behauptung, das «Ende der Wissenschaft» sei gekommen (weil es, grob gesagt, keine Hypothesen mehr gebe, die von Wissenschaftlern überprüft werden könnten). Einer der größten Fehler der Hypothese, die Realität sei ein menschliches Konstrukt, ist die Unmöglichkeit, ihre Richtigkeit zu überprüfen. Dieser Einwand hat natürlich nur unter Wissenschaftlern Gewicht, die man in dieser Debatte für voreingenommen halten mag.

Der Meteorit vom Mars und die wissenschaftliche Weltsicht

Nach der Entdeckung von ALH 84001 lief die wissenschaftliche Maschinerie auf Hochtouren. Alle an der Analyse des Marsgesteins beteiligten Bereiche – die Geologie, die Astronomie, die Chemie, die Mikrobiologie, die Paläontologie, die Molekularbiologie, die Physik und die Materialwissenschaft – halfen bei der Erarbeitung der Daten und diskutierten gleichzeitig deren Bedeutung. Das Bemerkenswerteste an dem Meteoriten vom Mars ist, daß sein wahrer Inhalt, so aufregend er auch sein mag, insofern ein Geheimnis bleibt, als man sich über dessen Wesen und Bedeutung im Grunde immer noch nicht einig ist. Nichts ist charakteristischer für die Wissenschaft. In den nächsten Jahren, wenn weitere Wissenschaftler die kostbaren Proben von ALH 84001 untersucht und Raumschiffe neue Daten vom Mars mitgebracht haben, wird es vielleicht möglich sein zu entscheiden, was uns der Meteorit wirklich zu sagen hat. Wenn nicht, wird sich die Wissenschaft um weiteres Material bemühen, anhand dessen die Debatte fortgesetzt werden kann, wie es dem Prinzip des organisierten Skeptizismus entspricht, das sich so ausgezeichnet bewährt hat.

Die Durchschlagskraft dieses organisierten Skeptizismus wird besonders deutlich, wenn man an die Hysterie denkt, mit der 1989 die Kaltfusion diskutiert wurde. Auch wenn über die

Bedeutung des Marsgesteins noch debattiert wird, seine Authentizität konnte von Skeptikern umgehend geprüft werden; dagegen löste sich das Beweismaterial für die Kaltfusion sehr schnell in nichts auf, als andere Wissenschaftler es überprüften. Wäre nicht aufgrund der Organisation der Wissenschaft eine so schnelle Reaktion erfolgt, hätte es vermutlich noch jahrelang große Aufregung um die Kaltfusion gegeben; Wissenschaftler hätten dieser Hypothese ihre Karriere gewidmet, von dem vergeblichen Einsatz finanzieller Mittel ganz zu schweigen. Kaltfusion wäre eine wunderbare Entdeckung gewesen, wenn sie denn jemals stattgefunden hätte. Aber so sehr man sie sich auch wünschen mochte, sie wurde dadurch nicht Realität, und am Ende ist es für uns alle besser, daß die Theorie so schnell widerlegt werden konnte.

Auf die Gefahr hin, mich zu wiederholen, möchte ich noch einmal feststellen, daß die Wissenschaft eine bestimmte Weltsicht eröffnet, die ihren Anhängern und selbst denen, die nichts von Wissenschaft verstehen, enormen Gewinn gebracht hat. Doch wie Thoreau sagte, man gewinnt nur dann etwas, wenn man auch etwas verliert. Da die Wissenschaft auf Skeptizismus beruht, einer Haltung, die unseren innersten Gefühlen widerspricht, sollten wir nie die Tatsache aus den Augen verlieren, daß Wissenschaft nur *eine* Art ist, eine Geschichte zu erzählen, einen Mythos, der die Welt um uns herum erklärt. Der einzige Unterschied ist der, daß Geschichte und Mythos in diesem Fall das sind, was man gemeinhin physische Realität nennt; wer das unzureichend oder gar unbedeutend findet, kann sich von der Wissenschaft nicht mehr erwarten als Bruchstücke faszinierender Informationen. Viele Wissenschaftler sind in sich selbst gespalten, ihre skeptische Seite hilft ihnen zwar, die physische Welt besser zu verstehen, doch ihre spirituelle Seite verlangt nach Höherem. Möglicherweise versuchte Albert Einstein diese beiden Seiten miteinander in Einklang zu bringen, als er sagte: «Das Wunderbarste am Universum ist, daß es verständlich ist.»

Ein großes Mysterium ist allerdings bis heute in dem Wort «verständlich» verborgen.

Die theologische Bedeutung der Möglichkeit urzeitlichen Lebens auf dem Mars

Zu den interessantesten Reaktionen auf die Neuigkeiten von ALH 84001 gehören sicherlich die von Theologen verschiedener Glaubensrichtungen. Die Möglichkeit, daß es auf dem Mars Leben gegeben haben könnte, selbst wenn es sich um mikroskopisch kleine Wesen in grauer Vorzeit handelt, wirft erneut die Frage nach dem Platz und der Bestimmung der Menschheit im Universum auf. Die Astronomen, die einst die Erde als Mittelpunkt der Schöpfung entthront hatten, indem sie nachwiesen, daß die Sonne und nicht die Erde das Zentrum des Sonnensystems ist, wollten diesmal Leben auf einem anderen Planeten finden. Der Fund winziger Fossilien wirft natürlich nicht so drängende Fragen auf, wie dies die Entdeckung außerirdischer Intelligenz getan hätte. John Cobb, emeritierter Professor der Claremont School of Theology in Kalifornien, faßt das Problem folgendermaßen zusammen: «Sollte uns die Tatsache genommen werden, welche die [Erde] auszuzeichnen schien – daß sie die Bedingungen bot, unter denen äußerst komplexe Wesen entstanden –, dann würde uns das noch einen Schritt weiter [von der Vorstellung] entfernen, daß der Menschheit innerhalb der Schöpfung eine besondere Rolle zukommt.»

Was die organisierte Theologie betrifft, so hat die jüdisch-christliche Tradition mehr Probleme mit außerirdischem Leben als die meisten anderen großen Religionen. Der Koran, das heilige Buch des Islam, verwendet den Begriff «Universen» und erwähnt die Existenz von Schöpfungen im Kosmos, die der Mensch nicht kennen kann. Auch Buddhismus und Hinduismus haben keine Schwierigkeiten mit der Vorstellung, daß es irgendwo im Universum Leben geben könnte, selbst wenn dieses hochentwickelt und intelligent sein sollte; man könnte sogar sagen, sie würden es willkommen heißen. Bei der Bibel und ihrer Auslegung ist das jedoch problematischer. Auf die Gefahr hin, zu stark zu vereinfachen, kann man die jüdisch-christliche Reaktion in zwei Lager einteilen: Das eine sieht die Erde als Zentrum, für das andere tragen neue Entdeckungen nur zum noch größeren Ruhme Gottes bei. Das letztere, zu dem nahezu alle Katholiken und bis auf die Ultra-Orthodoxen auch die Juden sowie zahlreiche Protestanten gehören, sieht Leben an einem anderen Ort des Universums nur als weiteres Juwel in der Krone der Schöpfung an. Theologen dieser Glaubensrichtung meinen, in der Schöpfungsgeschichte seien die Vorgänge in anderen Welten einfach nur nicht erwähnt worden. Zu den Neuigkeiten vom Mars sagte der Sprecher der französischen Bischofskonferenz, Erzbischof Olivier de la Brosse: «Die christliche Theologie ist nie davon ausgegangen, daß nur die Erde und ihre Bewohner Werke Gottes sind. Die Bibel beschäftigt sich allein mit der Geschichte der Menschheit. Sollte sich bestätigen, daß es auf dem Mars Leben gibt, dann ist das für mich kein zusätzlicher Beweis, sondern ein Ausdruck von Gottes Macht. Ich schließe daraus, daß Gott noch größer ist, als ich dachte.»

Wie De la Brosse kommen auch zahlreiche Protestanten zu dem Schluß, daß viele Welten einen Anspruch auf den Himmel haben könnten. Nancy Murphy, Dozentin für christliche Philosophie am Fuller Theological Seminary in Pasadena, Kalifornien, kommentiert die Nachrichten vom Mars mit den Worten: «Gott kann sich anderen Wesen in angemessener Gestalt zeigen.» (Die meisten Gottesbegriffe würden allerdings zulassen, daß ER sich auch in unangemessener Gestalt zeigt.) Schwieriger dürfte es für die Anhänger der «Zum-größeren-Ruhme-Gottes-Theorie» werden, sollte sich erweisen, daß es einst Leben auf dem Mars gab, das später ausstarb. «Wenn man diese Tatsache in ein theologisches System einfügt», fragt Philip Hefner vom Chicago Center for Religion and Science, «bedeutet das dann, daß Gottes Experimente mit Leben manchmal scheitern und manchmal nicht?» Für bestimmte Spezies auf der Erde scheint die Antwort klar, aber hier geht es möglicherweise um einen ganzen Planeten.

Dennoch, um mit John Cobb zu sprechen: «Für die meisten heutigen Theologen dürfte diese Entdeckung keinerlei Auswirkung haben.» (Hoffen wir, daß Cobb von der religiösen Überzeugung der Theologen spricht, nicht von ihrem allgemeinen Verständnis.) «Das gilt allerdings nicht für den Glauben der Bevölkerung», sagt Cobb. «Was die Leute durch die Wissenschaft erfahren, beeinflußt ihre religiöse Überzeugung.»

Das führt uns zu dem zweiten theologischen Lager, für das die Erde im Mittelpunkt des Universums steht. Intuitiv gehört jeder auf der Erde zu dieser Gruppe. Viele von uns haben jedoch inzwischen nicht nur gelernt, sondern bis zu einem gewissen Grad auch innerlich akzeptiert, daß die Sonne nur ein Stern unter Hunderten von Milliarden Sternen in der Milchstraße ist und diese wiederum nur eine von Hunderten von Milliarden Galaxien oder mehr im sichtbaren Universum. Dieser Gedanke kann beunruhigend wirken, er entspricht mit Sicherheit nicht dem, was unser primitives Gehirn wahrnimmt. Daher hat es in zahlreichen Kulturen traurige Versuche gegeben, die Lehre von der kleinen Erde und dem gewaltigen Kosmos zu unterdrücken, die dem verständlichen, aber kaum zu rechtfertigenden Wunsch entsprangen, Veränderungen in der Gesellschaft unter Kontrolle zu halten, indem man für einen Fortbestand des Glaubens an Raum und Zeit sorgte. Als die katholische Inquisition im Jahr 1600 Giordano Bruno auf dem Scheiterhaufen verbrannte, weil er behauptet hatte, es gebe in anderen Welten Wesen, die Gott genauso liebe wie die Menschheit, glaubte man der Gesellschaft einen Gefallen zu tun, obwohl es dadurch in Wirklichkeit schwieriger wurde, den Ruhm Gottes zu erkennen. Alle Theokratien sind irgendwann mit ähnlichen Problemen konfrontiert worden, da es erfreulicherweise seit jeher für jede menschliche Gruppe schwierig ist, lange Zeit das Gleiche zu glauben.

Auf individueller Ebene ist es uns gegenwärtig freigestellt, was wir glauben wollen. Einige Katholiken und Juden sowie, in größerem Maße, fundamentalistische Protestanten berufen sich auf eine sogenannte wörtliche Interpretation der Bibel, was mindestens so schwierig sein dürfte wie eine wörtliche Interpretation der Verfassung der Vereinigten Staaten. Für viele fundamentalistische Christen verdient diese keinen Respekt, da sie dem Wort Gottes widerspreche. Für sie ist Evolution Betrug und die Erde der einzige Planet mit intelligenten Lebewesen. «Unsere Theologie sieht die Möglichkeit einfacher Lebensformen vor, nicht aber die Existenz denkender Wesen, die auf einer Stufe mit der Menschheit stehen oder ihr sogar überlegen sind», sagt John McArthur, Leiter des Master's College in Santa Clarita, Kalifornien. Nach dieser Theologie schuf Gott die Welt in sechs Tagen à 24 Stunden.

Man sollte glauben, daß sich eine Theologie, die das Beweismaterial für die Evolution von Tausenden von Arten auf der Erde als Schwindel abtut, kaum durch die mögliche Existenz von Mikroorganismen in einem Stein vom Mars beeindrucken läßt. Doch selbst in fundamentalistischen Kreisen scheint dem Mars etwas Mystisches anzuhaften, das die Diskussion um die Evolution erneut anfachen könnte. Vielleicht ist man davon überrascht worden, daß – nachdem man behauptet hatte, Millionen von Fossilien, die auf der Erde gefunden wurden, seien entweder falsch interpretiert worden oder überhaupt gefälscht – plötzlich ein Haufen eventueller Fossilien von einem anderen Planeten auftaucht. Im September 1996 wurden David McKay, Richard Zare und Wesley Huntress jr. vom Raumfahrtunterausschuß des Wissenschaftsausschusses des Repräsentantenhauses befragt. Die erste Frage, die ihnen Ralph Hall – Kongreßabgeordneter aus Texas, ein wichtiges Mitglied des Unterausschusses – stellte, bezog sich auf das Alter von ALH 84001, die geschätzten 4,5 Milliarden Jahre. Diese Zahl sei nur schwer mit der biblischen Zeitrechnung in Einklang zu bringen, sagte Hall. Die Wissenschaftler versuchten bei ihrer Antwort, weder belehrend aufzutreten noch den Widerspruch irgendwie zu erklären, zum Beispiel durch die Vermutung, Gott habe die Welt schon mit einer Art in das Gestein eingeschlossener Aufzeichnung geschaffen, die uns vor Überheblichkeit warnen solle. (Diese Kompromißformel zwischen Fundamentalismus und Evolutionstheorie, die für kein Lager besonders attraktiv und grundsätzlich unüberprüfbar ist, verdient Lob für den entschlossenen Versuch, einen Mittelweg zu finden.)

Die neuen Planeten

Durch ein Zusammentreffen glücklicher Umstände erfuhren wir 1996 nicht nur von möglichem Leben auf dem Mars, sondern auch von der Existenz einer Reihe neuer Planeten, die um Sterne in der Nähe der Sonne kreisen. Mit hochentwickelten Detektoren und Computersystemen entdeckten Astronomen in Europa und den Vereinigten Staaten erstmals Planeten, die um sonnenähnliche Sterne kreisen. Ihre Existenz wurde nicht durch Beobachtung der Planeten selbst bestätigt, sondern durch die Wirkung, die deren Schwerkraft auf ihren Stern ausübt. Mit dieser Methode wurde der erste Planet außerhalb des Sonnensystems, der um den Stern 51 Pegasi kreist, im Oktober 1995 entdeckt. Ein Jahr später war die Zahl der Planeten, die man im System anderer Sterne gefunden hatte, auf acht gestiegen, und alles deutet darauf hin, daß es im Laufe der nächsten Jahre noch wesentlich mehr werden. Nach Jahrzehnten vergeblicher Versuche, astronomisch gesehen winzige Planeten zu entdecken, die sich relativ nahe bei ihrem Muttergestirn befinden, brach plötzlich der Damm, als durch Beobachtung überzeugend nachgewiesen werden konnte, daß ein Großteil der sonnenähnlichen

Gestirne Planeten besitzt, eine Tatsache, die Astronomen schon lange vermutet hatten, aber bis dahin nicht beweisen konnten.

Man sollte annehmen, daß der Beweis für die Existenz von Planeten, die um sonnenähnliche Sterne kreisen, zusammen mit den Hinweisen auf urzeitliches Leben in Marsgestein der Theorie von einem Kosmos, dessen Zentrum die Erde ist, einen tödlichen Schlag versetzt hat. Wie bereits gesagt, kann jedoch jeder Beweis interpretiert werden. Wenn wir so wollen, können wir den menschlichen Glauben, daß die Erde in Gottes Augen höher steht als alle anderen Welten, als Manifestation des menschlichen Geistes betrachten, der seinerseits Ausfluß der Macht ist, die das Universum und seine Welten geschaffen hat. Die Haltung des Wissenschaftlers wäre es, daraufhin zu fragen: Warum sollte ich das glauben? Welcher Beweis existiert für die Hypothese, daß wir auf der Erde die Krone der Schöpfung sind? Worauf die Theologen antworten könnten: Das ist die falsche Frage.

Außerirdisches Leben überall im Universum?

Eine Konsequenz der Entdeckung neuer Planeten und der Möglichkeit urzeitlichen Lebens auf dem Mars ist besonders bemerkenswert: Die Wahrscheinlichkeit, daß es außerhalb der Erde Leben gibt, ist größer geworden – natürlich nicht in Wirklichkeit, die sich durch unsere letzten Entdeckungen ja nicht verändert hat, aber in unserer Einschätzung. Vor Ende 1995 waren sich die Astronomen sicher, daß sonnenähnliche Sterne Planeten haben mußten, da sich unsere Sonne in nichts von ihren vielen tausend Geschwistern in der Milchstraße unterscheidet. Andererseits hatte noch niemand diese hypothetischen Planeten entdeckt, eine Tatsache, die man auf technische Schwierigkeiten zurückführen konnte, die aber dennoch beunruhigend war. Die Entdeckung der neuen Planeten hat eine geistige Last von den Astronomen genommen und sie dem Beweis dessen, daß Leben, und möglicherweise auch intelligentes Leben, im Universum weit verbreitet ist, einen Schritt nähergebracht.

Die Nachrichten vom Mars geben auch den Wissenschaftlern neue Hoffnung, nach deren Überzeugung erdähnliche Bedingungen anderswo im Universum in den meisten, wenn vielleicht auch nicht in allen Fällen andere Lebensformen hervorgebracht haben dürften, die andere Welten besiedeln. Auch wenn ALH 84001 keinen endgültigen Beweis für die Existenz von Leben auf dem Mars erbracht hat, dürfte die Wahrscheinlichkeit, daß der Mars einst belebt war, nach der Untersuchung dieses ersten urzeitlichen Gesteins doch beträchtlich gestiegen sein. Sollte sich das als richtig erweisen, wäre dies eine Bestätigung für die Theorie, daß das Leben auf zahlreichen Planeten entstanden ist. Wenn es auf zwei benachbarten Planeten im gleichen Sonnensystem Leben gegeben hat, ist dem Argument, Leben entstehe nur selten und unter hochspezifischen Bedingungen, der Boden entzogen. Man könnte versuchen, es wiederzubeleben, indem man auf die Panspermie-Hypothese zurückgreift, doch durch diese ließe sich höchstens belegen, daß sich Leben innerhalb des Kosmos zwar relativ leicht verbreitet, seine tatsächliche Entstehung jedoch möglicherweise ein seltenes Ereignis ist. Die meisten Wissenschaftler – und ein Großteil der Bevölkerung – würden andere Lebensformen interessant finden, selbst wenn sie durch kosmische Saat entstanden wären. Besonders wichtig wäre es uns, herauszufinden, ob außerirdische Lebensformen, wie auch immer sie entstanden sein mögen, unsere Entwicklungsstufe erreicht oder sogar übertroffen haben.

In dieser Hinsicht wissen wir nun kaum mehr als vor der Entdeckung von Planeten außerhalb unseres Sonnensystems und der Erkenntnis, daß es möglicherweise urzeitliches Leben auf dem Mars gegeben hat. Wenn die Wahrscheinlichkeit der Existenz Leben begünstigender Welten und solcher, auf denen es tatsächlich Leben gibt oder gab, gestiegen ist, dann dürfte es auch wahrscheinlicher geworden sein, daß es mehrere Orte gegeben hat, an denen eine Zivilisation entstanden ist, die imstande und daran interessiert ist, über interstellare Entfernungen zu kommunizieren.

Andererseits gibt es keinen Beleg dafür, daß solche Zivilisationen wirklich existieren. Die Indizien für Besuche von Außerirdischen auf der Erde bestehen entweder aus individuellen Erinnerungen und Beobachtungen oder aus physischen Beweisen in der Art des «Gesichtes auf dem Mars» – Dingen, durch die keine vernünftige Jury zu überzeugen wäre. Wenn auch bei den meisten Gerichten Augenzeugenberichte als Beweismaterial zugelassen sind, haben sich diese bei ungewöhnlichen Erlebnissen als so unzuverlässig erwiesen, daß sie nicht vertrauenswürdig wirken. Je absonderlicher das betreffende Ereignis, desto weniger vertrauenswürdig die Augenzeugen, eine Tatsache, die Psychologen wohlbekannt ist, obwohl sie der menschlichen Psyche zuwider sein mag. In dem Film *Die Marx Brothers im Krieg* fragt Chico Marx die reiche Dame: «Wem wollen Sie glauben, mir oder Ihren eigenen Augen?» Die Frage ist zumindest in diesem Fall völlig berechtigt: Die Dame hatte seinen Bruder Harpo gesehen. Wissenschaftlich betrachtet können Sie weder mir noch Ihren eigenen Augen trauen. Solange wir keine konkreten physischen Beweise für den Besuch von Außerirdischen haben – und zwar überzeugendere als Kreise im Kornfeld, die jeder Betrüger mühelos anfertigen kann –, sollten wir uns, wie von Ed Anders vorgeschlagen, an den Occamschen Grundsatz halten, daß eine naheliegende Hypothese einer weniger wahrscheinlichen vorzuziehen sei.

Das sind natürlich meine ganz persönlichen Ansichten, die ich nicht verschweigen möchte, auch wenn sie mir einigen Ärger mit paranoiden Anhängern von Verschwörungstheorien zur Unterdrückung von Informationen über UFOs eintragen können. In diesem Fall müßte ich sagen, daß ich keine Ahnung habe, wer diese Verschwörer sein sollten. Vom wissenschaftlichen Standpunkt aus gesehen befinden wir uns, was die Einschätzung möglicher Existenz hochentwickelter Zivilisationen anderswo im Kosmos angeht, an dem Punkt, an dem man vor einigen Jahren bezüglich der Existenz von Planeten außerhalb unseres Sonnensystems stand. Angesichts der zahlreichen Orte, an denen Leben vorkommen kann, müßten nach Ansicht der Wissenschaftler hochentwickelte Zivilisationen existieren, doch wir verfügen über keinen stichhaltigen Beweis. Die Tatsache, daß es bisher keinen Beleg für Besuche von Außerirdischen auf der Erde gibt und auch noch keinerlei Funksignale von außerirdischen Zivilisationen entdeckt worden sind, spricht in gewisser Hinsicht gegen deren Existenz zumindest in unserer Ecke der Milchstraße.

Wir sollten uns jedoch einen weiteren Punkt in Erinnerung rufen: Die Tatsachen, die dafür sprechen, daß an einer großen Anzahl von Orten Leben möglich wäre – der riesige Raum, den das Universum bietet, die große Zahl von Sternen, die vermutlich allesamt Planeten besitzen –, sprechen zugleich gegen interstellare Reisen. Interstellare Distanzen lassen die Entfernungen in unserem Sonnensystem winzig erscheinen: Die der Sonne am nächsten Sterne sind von uns eine Million Mal weiter entfernt als der Mars, wenn er der Erde am nächsten ist. Vergleichen wir Sterne mit Glühbirnen, dann würde jede einzelne von ihnen eine Großstadt für sich allein beleuchten – in New York, Boston, London, München, Athen und Delhi gäbe es jeweils einen Stern. Auch wenn wir keine Aussage darüber machen können, über wieviel Energie andere Zivilisationen verfügen, lassen die physischen Gegebenheiten doch vermuten, daß sie Versuche, Kontakt mit ihren Nachbarn aufzunehmen, nicht mit unvorstellbar langen Reisen, sondern eher durch Aussendung von Funksignalen beginnen würden. So gesehen ist die Menschheit es sich selbst schuldig, die relativ bescheidenen und bis jetzt erfolglosen Anstrengungen zu verstärken, nach möglichen Signalen intelligenter Lebensformen aus anderen Sonnensystemen zu suchen.

Der Schritt von einem Gesteinsbrocken im Eis bis zur Suche nach anderen Zivilisationen mag gigantisch erscheinen, wird jedoch relativiert, wenn man bedenkt, daß der Stein von einem anderen Planeten kommt, vor mehr als vier Milliarden Jahren entstand und möglicherweise durch urzeitliches außerirdisches Leben entstandenes Material enthält. Nur die Zeit kann uns lehren, ob 1996 in die Geschichte eingehen wird als das Jahr, in dem zum ersten Mal außerirdisches Leben gefunden wurde, Milliarden Jahre nach seiner Existenz, Millionen Jahre nachdem deren Überreste ihren Planeten verließen, und Jahrtausende nachdem diese die Erde erreichten. Was auch immer die Lösung des Rätsels sein mag, vor das ALH 84001 uns stellt, der Meteorit hat uns zumindest eine aufregende Exkursion durch die Geschichte des Lebens, soweit wir sie heute kennen, ermöglicht. Mit ein bißchen Glück wird bald die Zeit kommen, da wir nicht nur verstehen, was uns der Meteorit vom Mars zu sagen hat, sondern auch Ursprung und Entwicklung des Lebens im Sonnensystem begreifen werden. Diese Geschichte wartet darauf, von uns entdeckt zu werden, wenn wir nur die richtigen Instrumente dafür schaffen, sie an die Orte bringen, wo es heute oder in der Vergangenheit Leben gegeben haben mag, und die dadurch gewonnenen Erkenntnisse mit Hilfe des organisierten Skeptizismus analysieren, der es uns ermöglichen wird, die Wahrheit über das Leben zu erkennen. Danke, daß Sie mich auf einem Teil der Reise begleitet haben, vor Ihnen liegt der Rest des Weges.

Glossar

Abiotisch: ohne Leben.

Absolute Temperaturskala: Temperaturskala (mit dem Einheitenzeichen K), die beim absoluten Nullpunkt beginnt und deren Teilung der des Celsius-Systems (Centesimal-Skala) entspricht, so daß zwischen dem Gefrierpunkt von Wasser (273,16 K) und dessen Siedepunkt (373,16 K) 100 Grad liegen.

Absoluter Nullpunkt: niedrigster Punkt aller Temperaturskalen, die Temperatur, bei der jede Bewegung mit Ausnahme von bestimmten quantenmechanischen Effekten aufhört. Der absolute Nullpunkt liegt bei null K, bei –273,16 Grad C bzw. –459,67 Grad F.

Aminosäure: Klasse relativ kleiner Moleküle aus 13 bis 27 Kohlenstoff-, Stickstoff-, Wasserstoff-, Sauerstoff- und Schwefelatomen, die in der Lage sind, sich miteinander zu verbinden, um Proteine zu bilden.

Anlagerung: Vergrößerung der Masse eines Objekts durch hinzukommende Materie.

Anorganisch: ohne Leben oder die Chemie, auf der Leben aufbaut, insbesondere nicht auf Kohlenstoffatomen basierend.

Archaeon (Plural Archaea): Vertreter eines der drei Lebensbereiche, wird als älteste irdische Lebensform angesehen. Alle Archaea sind einzellig und thermophil (das heißt, sie gedeihen bei Temperaturen zwischen 50 und 70 Grad C).

Asteroid: kleiner Himmelskörper, hauptsächlich aus Gestein oder aus Gestein und Metall bestehend, der um die Sonne kreist, vorwiegend zwischen den Umlaufbahnen von Mars und Jupiter. Die Größe schwankt zwischen einem Durchmesser von 900 Kilometern und wenigen hundert Metern.

Astronomische Einheit: die durchschnittliche Entfernung von der Erde zur Sonne, entspricht 149 597 900 Kilometern oder 92 955 000 Meilen. Abkürzung: AE.

Atom: kleinste elektrisch neutrale Einheit eines Elements, bestehend aus einem Kern mit einem oder mehr Protonen und null oder mehr Neutronen, um die eine mit der Anzahl der Protonen identische Anzahl von Elektronen kreist. Diese Zahl bestimmt die Eigenschaften des Elements.

Basalt: vulkanisches Gestein, das in der Erdkruste häufig vorkommt.

Bewohnbare Zone: Bereich in der Umgebung eines Sterns in Form einer sphärischen Schale, durch innere und äußere sphärische Oberflächen begrenzt, innerhalb derer die Wärme des Sterns ein oder mehrere potentielle Lösungsmittel in flüssigem Zustand halten kann.

Biomagnetit: Magnetit (ein magnetisches Mineral), der durch Lebewesen hergestellt oder wesentlich verändert worden ist.

Biomineral: Mineral, das für bestimmte lebende Organismen von Bedeutung ist.

Biosphäre: Gesamtheit der mit Lebewesen besiedelten Schichten der Erde (Atmosphäre, Ozeane, Flüsse, Seen, obere Bodenschichten und Erdoberfläche).

Celsius-Skala (Centesimal-Skala): Temperaturskala, auf welcher der Gefrierpunkt von Wasser bei null Grad und der Siedepunkt bei 100 Grad liegt.

Chondrit: Meteorit, der Chondrulen genannte Einschlüsse enthält.

Chondrulen: kleine, runde Einschlüsse aus Materie in einigen Meteoriten.

Chromosom: einzelnes DNS-Molekül mit den dazugehörigen Proteinen, das in Genen genannten Untereinheiten genetische Information speichert und diese Information bei der Replikation der Zellen weitergeben kann.

DNS (Desoxyribonukleinsäure): langes, komplexes Molekül aus zwei spiralförmigen Strängen, die durch Tausende von Brückengliedern aus kleinen Molekülen zusammengehalten werden. Teilt sich ein DNS-Molekül entlang der Brückenglieder, kann jede Hälfte des Moleküls ein komplettes DNS-Molekül aus den kleineren Molekülen in seiner direkten Umgebung bilden.

Eigengravitation: Schwerkraft, die Teile eines Objekts auf alle anderen Teile ausüben.

Eisenoxid: Mineral, das hauptsächlich aus Eisen- und Schwefelatomen besteht.

Elektron: elektrisch negativ geladenes Elementarteilchen, das um den Atomkern kreist.

Elektronenmikroskop: Mikroskop, bei dem Elektronen gegen eine Substanz (Raster-Elektronenmikroskop) oder durch diese hindurch geschossen werden (Transmissions-Elektronenmikroskop). Die Wirkung der Substanz auf die Elektronen enthüllt deren innere Details.

Element: Gesamtheit aller Atomkerne, welche die gleiche Anzahl von Protonen aufweisen.

Ellipse: geschlossene Kurve, die dadurch definiert ist, daß die Summe der Entfernung von zwei festen Punkten, den «Brennpunkten», konstant ist. Fallen beide Brennpunkte zusammen, wird aus der Ellipse ein Kreis.

Eltern-Nukleus, Elternkern: Kern, der radioaktivem Zerfall unterliegt und einen Tochterkern produziert.

Enzym: Molekülart (Protein oder Ribonukleinsäure), an der Moleküle miteinander reagieren können und die so als Katalysator die Lebhaftigkeit, mit der bestimmte molekulare Reaktionen ablaufen, verstärkt.

Eruptivgestein: Gestein aus ganz oder teilweise geschmolzenem Material, normalerweise durch vulkanische Aktivität entstanden.

Eukaryonten: ein- bzw. vielzellige Organismen, deren genetisches Material sich in jeder einzelnen Zelle in einem membranumhüllten Zellkern befindet.

Europa: Galileischer Mond Jupiters, interessant, da von Wassereis bedeckt, unter dem sich möglicherweise flüssiges Wasser verbirgt.

Evolution: in der Biologie das Ergebnis der «natürlichen Selektion» (unterschiedlicher Erfolg bei der Fortpflanzung), durch die sich unter bestimmten Umständen eine Gruppe ähnlicher Organismen, Art genannt, über die Jahre hinweg verändert, so daß ihre Nachkommen hinsichtlich Struktur und Aussehen beträchtlich abweichen.

Evolutionäre Distanz: Maß der Ähnlichkeit zwischen den Gensequenzen zweier Organismen; geringe evolutionäre Distanz bedeutet eine größere Ähnlichkeit.

Extrasolar: bezieht sich auf Objekte außerhalb des Sonnensystems; extrasolare Planeten sind Planeten, die um andere Sterne als die Sonne kreisen.

Fossil: Überrest oder Spur eines vorzeitlichen Organismus.

Frequenz: bei Photonen die Zahl der Schwingungen pro Sekunde.

Galaxie: große Ansammlung von Sternen, normalerweise Hunderte von Millionen bis zu Hunderten von Milliarden, die große Mengen Staub und Gas enthält, die durch die gegenseitige Anziehungskraft zwischen den Sternen gebunden werden.

Galileische Monde: Jupiters vier größte Monde, 1610 von Galileo Galilei entdeckt.

Galileo-Raumschiff: 1990 von der NASA zum Jupiter entsandt, kam im Dezember 1995 dort an, schickte eine Sonde in die Atmosphäre des Jupiter und ging auf eine Umlaufbahn um den Riesenplaneten, von wo aus es Aufnahmen von dem Planeten und den Galileischen Monden machte.

Gen: Teil eines Chromosoms, der durch den genetischen Code die Bildung einer bestimmten Kette von Aminosäuren bestimmt.

Genetischer Code: «Buchstabensatz» in DNS- oder RNS-Molekülen, der eine bestimmte Aminosäure repräsentiert und aus drei aufeinanderfolgenden Molekülen besteht, die den Brückengliedern innerhalb der Doppelspirale der DNS-Moleküle entsprechen.

Genom: alle Gene eines Chromosomensatzes.

Geochemie: Lehre von der chemischen Zusammensetzung bzw. Veränderung der Erdkruste.

Halbwertszeit: Zeitraum, innerhalb dessen die Hälfte einer bestimmten Art von radioaktiven Kernen zerfällt.

Helium: zweitleichtestes und zweithäufigstes Element; alle seine Kerne enthalten zwei Protonen und entweder ein oder zwei Neutronen.

Hyperthermophil: Organismus, der bei Temperaturen um den Siedepunkt von Wasser gedeiht.

Infrarot: elektromagnetische Strahlung aus Photonen, deren Wellenlänge etwas größer und deren Frequenz etwas niedriger ist als bei Photonen des sichtbaren Lichts.

Innere Planeten: die Planeten Merkur, Venus, Erde und Mars im Sonnensystem, die allesamt – im Vergleich zu den Riesenplaneten – klein, felsig und von hoher Dichte sind.

Interplanetarer Staub: Staub zwischen den Planeten im Sonnensystem und in anderen planetarischen Systemen.

Interstellarer Staub: Staubteilchen, von denen jedes aus etwa einer Million Atomen besteht, die vermutlich aus der Atmosphäre hochgradig ausgedehnter Sterne in den interstellaren Raum geschleudert wurden.

Ion: Atom, das eines oder mehrere seiner Elektronen verloren hat.

Isotope: Kerne, welche die gleiche Anzahl von Protonen enthalten und daher zum selben Element gehören, deren Neutronenzahl jedoch unterschiedlich ist.

Kalkstein: Sedimentgestein, hauptsächlich aus Kalziumkarbonat, das unter Wasser entsteht, häufig durch Ablagerung der Schalen winziger Meeresorganismen, die aus dem im Meerwasser enthaltenen Kohlendioxid und Kalzium Kalziumkarbonat produzieren.

Karbonat: Mineral aus Kohlenstoff- und Sauerstoffatomen sowie anderen Atomen wie Kalzium, Magnesium, Eisen, Mangan, Natrium und Zink, bei dem jedes Kohlenstoffatom drei Sauerstoffatome und die entstandene Kohlensauerstoffverbindung wieder andere Atome bindet.

Karbonhaltige Chondriten: gehören zu den ältesten Meteoriten, sind weitgehend unverändert geblieben, zeichnen sich durch kohlenstoffreiche Einschlüsse aus.

Katalysator: Substanz, die den Ablauf gewisser Reaktionen zwischen Molekülen beschleunigt, ohne selbst im Endprodukt zu erscheinen.

Kelvin-Skala: absolute Temperaturskala, deren Einheiten (Abkürzung K) denen der Celsius-Skala entsprechen. Wasser gefriert bei 273,16 K und kocht bei 373,16 K.

Kern, Nukleus: (1) zentraler Bereich eines Atoms, bestehend aus einem oder mehreren Protonen und null oder mehr Neutronen; (2) durch Membran abgegrenzte Region innerhalb einer eukaryontischen Zelle, die das genetische Material in Form von Chromosomen enthält.

Kernfusion: Verschmelzung zweier Kerne unter Einfluß starker Kräfte, die nur auftritt, wenn sich die Kerne einander bis auf den Abstand eines Protons annähern.

Kinetische Energie: mit Bewegung verbundene Energie.

Kleine Achse: kürzere Achse einer Ellipse.

Kohlendioxid: Molekül, das ein Kohlenstoff- und zwei Sauerstoffatome enthält. Chemische Formel: CO_2.

Kohlenstoff: Element mit Atomen, deren Kerne je sechs Protonen besitzen und dessen verschiedene Isotope je sechs, sieben oder acht Neutronen haben. Die beiden natürlich vorkommenden, langlebigen Isotope des Kohlenstoffs haben entweder sechs (99 Prozent) oder sieben (1 Prozent) Neutronen pro Atom.

Kohlenwasserstoff: Molekül, das ausschließlich aus Wasserstoff- und Kohlenstoffatomen besteht.

Komet: Fragment aus Materie des primitiven Sonnensystems, «schmutziger Schneeball» aus Eis, Gestein, Staub und gefrorenem Kohlendioxid («Trockeneis»). Normalerweise ist die Umlaufbahn eines Kometen um die Sonne wesentlich größer als die jedes Planeten.

Kosmische Saat: andere Bezeichnung für Panspermie.

Kosmische Strahlung: Teilchen, die sich nahezu mit Lichtgeschwindigkeit durch den interplanetaren und interstellaren Raum bewegen, hauptsächlich Protonen, Elektronen und Heliumkerne.

Kraft: Fähigkeit, Arbeit zu verrichten oder eine physische Veränderung zu bewirken, hat die Tendenz, in Richtung seiner Wirkung eine Beschleunigung hervorzurufen.

Leben auf der Erde: Gesamtheit aller irdischen Lebensformen, zeichnet sich durch eine auf Kohlenstoffatomen basierende chemische Zusammensetzung und die Verwendung von

Wasser als Lösungsmittel aus. Kein allgemeingültiger Begriff, in diesem Buch der Klarheit halber verwendet.

Leuchtkraft (eines Objektes): die gesamte Energie, die während jeder Sekunde in Form von Photonen aller Art abgegeben wird.

Licht: Photonen, deren Frequenz und Wellenlänge innerhalb der Bandbreite für sichtbares Licht liegen, zwischen Infrarot und Ultraviolett.

Lichtjahr: Entfernung, die Licht in einem Jahr zurücklegt, entspricht 9,4605 Billionen Kilometern.

Lösungsmittel: Flüssigkeit, in der sich eine andere Substanz auflösen kann; Flüssigkeit, in der Moleküle schweben und interagieren können.

Magma: geschmolzenes Gestein, das im Erdinneren oder im Inneren von erdähnlichen Planeten entsteht.

Magnetit: eine Form von Eisenoxid, bestehend aus Gruppen von drei Eisen- und vier Sauerstoffatomen, oft mit einer Beimischung von Titan- oder Magnesiumatomen.

Magnetotaktische Bakterien: Bakterien, die magnetische Mineralablagerungen produzieren und den Einfluß des irdischen Magnetfelds auf diese Mineralien zur räumlichen Orientierung nutzen.

Massen-Artensterben: erdhistorisches Ereignis, in manchen Fällen als Ergebnis eines massiven Zusammenpralls mit der Erde, in dessen Verlauf viele Arten von Lebewesen innerhalb eines geologisch kurzen Zeitraums aussterben.

Meteor: heller Lichtstreifen, der durch Erhitzung eines die Erdatmosphäre durchquerenden Meteoriten entsteht.

Meteorit: Meteor, der die Durchquerung der Erdatmosphäre übersteht.

Meteoroid: Objekt aus Stein, Metall oder einer Verbindung aus beidem, das die Sonne umkreist und kleiner ist als ein Asteroid oder Planet.

Meteorschauer: eine große Anzahl von Meteoren, die von einem Punkt am Himmel auszugehen scheint; tritt auf, wenn die Erde einen Meteorschwarm durchquert.

Meteorschwarm: eine Gruppe von Meteoroiden, welche die Sonne auf derselben Umlaufbahn umkreisen und deren Meteoroiden-Dichte an unterschiedlichen Punkten des Schwarms variiert.

Michelson-Morley-Experiment: wichtiges physikalisches Experiment, erstmals 1887 von Albert Michelson und Edward Morley an der Case School of Applied Science in Cleveland, Ohio, durchgeführt, das zeigte, daß die Geschwindigkeit des Lichts im Weltraum immer konstant bleibt, unabhängig von Bewegungen der Lichtquelle oder der Art des Lichtempfängers.

Mikrobakterien: Bakterien, deren Größe in Mikrometern gemessen wird.

Mikrometer: ein Millionstelmeter.

Mikrosekunde: eine Millionstelsekunde.

Milchstraße: die Galaxie, die unsere Sonne und annähernd 300 Milliarden andere Sterne enthält.

Millibar: Druckeinheit, die einem Tausendstel des atmosphärischen Mitteldrucks an der Erdoberfläche entspricht.

Millimeter: ein Tausendstelmeter.

Mineral: natürlich vorkommender fester Körper, der entweder aus einem einzelnen Element oder aus einer molekularen Zusammensetzung besteht; es besitzt eine systematische innere Anordnung der Atome und eine feste chemische Zusammensetzung.

Molekül: stabile Gruppe von zwei oder mehr Atomen.

Monomer: relativ kleines Molekül, das eine Komponente von Molekülketten (Polymere) bildet. Im irdischen Leben sind die bekanntesten Monomere die Aminosäuren, die Proteinmoleküle bilden.

Murchison-Meteorit: Meteorit, der 1969 in der Nähe von Murchison, Australien, gefunden wurde und organische Moleküle, einschließlich Aminosäuren, enthielt.

Mutation: erbliche Veränderung in der DNS eines Organismus (wird bei Vermehrung an Abkömmlinge weitergegeben). Durch diese Veränderungen entsteht genetische Vielfalt.

Nanofossil: Fossil, dessen Größe in Nanometern gemessen wird.

Nanometer: ein Milliardstelmeter.

Neutron: elementares Partikel ohne elektrische Ladung, das als Teil eines Atomkerns stabil ist, aber rasch zerfällt, wenn es isoliert wird.

Nukleinsäure: DNS oder RNS.

Organelle: eine von mehreren spezialisierten Unterregionen im Innern einer eukaryontischen Zelle.

Organisch: bezieht sich auf chemische Verbindungen, die Kohlenstoffatome als wichtige Strukturelemente enthalten; kohlenstoffbasierte Moleküle. Auch: Eigenschaften in Zusammenhang mit Leben aufweisend.

Orgueil-Meteorit: Meteorit, 1864 nahe Orgueil in Frankreich gefunden, der Sporen und andere Anzeichen von Leben enthielt; diese erwiesen sich als nachträgliche Kontamination des Meteoriten während seiner Zeit auf der Erde.

Oxid: Mineral, das an metallische Ionen angelagerte Sauerstoffionen enthält.

Ozon: Moleküle aus drei Sauerstoffatomen (O_3); Ozonmoleküle hoch oben in der Erdatmosphäre schützen die Oberfläche vor dem Großteil der ultravioletten Strahlung.

Panspermie: Hypothese, wonach Leben von einem Himmelskörper auf den anderen übertragbar ist, zum Beispiel von einem Planeten im Sonnensystem zum anderen; auch kosmische Saat genannt.

Permafrost: permanent gefrorene tiefe Bodenschicht, überlagert von einer Oberflächenschicht, die jedes Jahr abtaut und wieder gefriert.

Photosynthese: Einsatz von Energie in Form von sichtbarem oder ultraviolettem Licht zur Produktion von Kohlenhydraten aus Kohlendioxid und Wasser; in manchen Organismen übernimmt Schwefelwasserstoff (H_2S) die Rolle, die Wasser (H_2O) bei den meisten Photosynthesen auf der Erde spielt.

Planet: Objekt in Umlaufbahn um einen Stern, das weder ein anderer Stern noch ein brauner Zwerg und mindestens so groß ist wie Pluto, der kleinste Planet des Sonnensystems.

Planetoid: Himmelskörper, viel kleiner als ein Planet, mit der Fähigkeit, durch zahlreiche Kollisionen mit anderen Objekten zum Planeten anzuwachsen.

Plattentektonik: langsame Bewegung von Platten der Erdkruste und auf ähnlichen Planeten.

Polymer: Kettenmolekül aus kleineren Molekülen, Monomere genannt; weist in der Zusammensetzung kleine, aber wichtige Abweichungen auf.

Prokaryonten: Klasse großer Moleküle, aus einer oder mehreren Aminosäureketten bestehend.

Proton: elementares Partikel mit einer Einheit elektrischer Ladung; eine der beiden Grundkomponenten eines Atomkerns.

Protoplanet: Planet während seiner späteren Entstehungsphasen.

Protoplanetarische Scheibe: Scheibe aus Gas und Staub, die einen Stern umgibt, speziell während der frühen Phase seiner Existenz; aus ihr können Planeten entstehen.

Protosonne: Sonne während ihres Entstehungsprozesses, der vor 4,5 Milliarden Jahren endete.

Protostern: Stern in Entstehung, der sich durch seine eigene Anziehungskraft aus einer wesentlich größeren Wolke aus Gas und Staub kontrahiert.

Pyrolytisch: zu den durch Hitze verursachten chemischen Veränderungen gehörend.

Radioaktiver Zellkern: Zellkern, der radioaktivem Zerfall unterliegen kann.

Radioaktiver Zerfall: Prozeß, durch den sich bestimmte Arten atomarer Kerne spontan in andere Arten verwandeln.

Radiometrische Datierung: Altersbestimmung von Gesteinen durch Bestimmung des Verhältnisses zwischen der Anzahl von Kernen, die durch eine bestimmte Art von radioaktivem Zerfall entstanden sind (Tochterkerne), und der Zahl von Kernen, die jene bei ihrem radioaktiven Zerfall produzieren (Elternkerne). Je höher der Anteil an Töchtern in Relation zu Eltern, desto mehr Zeit ist seit der Entstehung des Gesteins vergangen.

Reproduktion: Prozeß, bei dem sich ein «Eltern»-DNS-Molekül in zwei Stränge teilt, die jeweils ein «Tochter»-Molekül bilden, das mit dem Elternmolekül identisch ist.

Ribosom: Komplex aus Proteinen und RNS-Molekülen; die Stellen, an denen von kleineren Molekülen Proteine angesammelt werden.

Riesenplanet: Planet ähnlich Jupiter, Saturn, Uranus oder Neptun, mit einem festen Kern aus Gestein und Eis, umgeben von Wasserstoff und gasförmigem Helium. Seine Masse übertrifft die Erdmasse um das Dutzendfache bis zum Vielhundertfachen.

RNS (Ribonukleinsäure): großes, zusammengesetztes Molekül aus der gleichen Art von Molekülen wie DNS; führt verschiedene wichtige Funktionen in Zellen aus, einschließlich des Transports der genetischen Informationen der DNS an die Orte, an denen Proteine angesammelt sind.

Röntgenstrahlen: Photonen mit höherer Frequenz als der von ultravioletter Strahlung, aber geringerer als der von Gammastrahlen.

Sauerstoff: Element aus acht Atomen, deren Kerne jeweils acht Protonen besitzen und deren verschiedene Isotope sieben, acht, neun, zehn, elf oder zwölf Neutronen aufweisen. Die meisten Sauerstoffatome haben je acht Neutronen und Protonen.

Sedimentgestein: Gestein, das sich aus am Boden einer Flüssigkeit abgelagertem Material gebildet hat, typischerweise aus losen Schichten wie Sand und Schlick.

SETI: The Search for Extraterrestrial Intelligence (Die Suche nach extraterrestrischer Intelligenz).

Silikate: gesteinsbildende Mineralien, die Silizium- und Sauerstoffatome sowie ein oder mehrere weitere häufige Atomarten enthalten.

Skeptizismus: Zustand des Hinterfragens oder Zweifelns, begründet in der wissenschaftlichen Untersuchung des Kosmos.

Solarnebel: protoplanetarische Scheibe, welche die Protosonne umgab.

Sonnensystem: die Sonne und die Himmelskörper, die sie umkreisen, darunter neun Planeten, deren Trabanten, Asteroiden, Meteoroiden, Kometen und interplanetarischer Staub.

Spektrometer: Instrument zur sorgfältigen Beobachtung und Messung eines Spektrums.

Spektrum: Verteilung von Photonen nach Frequenz oder Wellenlänge, häufig in Form eines Schaubildes, das die Anzahl von Protonen mit jeweils eigener Frequenz oder Wellenlänge zeigt.

Spezies: bestimmte Klasse von Organismen; die Mitglieder einer Spezies besitzen ähnliche anatomische Charakteristika und können sich untereinander vermehren.

Stern: durch Eigengravitation zusammengehaltene Gasmasse, in deren Zentrum durch nukleare Fusionsreaktionen kinetische Energie produziert wird, die den gesamten Stern erhitzt und seine Oberfläche zum Glühen bringt.

Sternschnuppe: allgemeinsprachlicher Ausdruck für einen Meteor.

Stickstoff: Element, das aus Atomen besteht, deren Kerne jeweils sieben Protonen besitzen und dessen verschiedene Isotope sechs, sieben, acht, neun oder zehn Neutronen aufweisen. Die meisten Stickstoffatome besitzen sieben Neutronen und sieben Protonen.

Stoffwechsel: die Gesamtheit der chemischen Prozesse eines Organismus.

Stromatolith: geschichtete Gesteinsformationen, produziert von Bakterienkolonien, die an den Übergängen zwischen Wasser und Gesteinsablagerungen leben.

Sublimation: Übergang vom festen in den gasförmigen Zustand, ohne den flüssigen Zustand zu durchlaufen.

Sulfid: Mineral aus Molekülen, in denen sich negative Schwefelionen mit einem oder mehreren positiven metallischen Ionen verbunden haben.

Temperatur: Maß für die mittlere kinetische Energie durch völlig ungeordnete Bewegung innerhalb einer Gruppe von Partikeln, gemessen auf der Celsius-, Kelvin- oder Fahrenheit-Temperaturskala; die Temperatur ist direkt proportional zur mittleren Bewegungsenergie je Partikel.

Terraforming: Veränderung eines Planeten oder großen Trabanten, so daß er der Erde ähnlicher wird.

Thermophile: Organismen, die bei hohen Temperaturen gedeihen.

Tochternuklid, Tochterkern: Nuklid, das durch den radioaktiven Zerfall eines anderen Kerns, des Elternkerns, entsteht.

Trabant: relativ kleines Objekt, das ein wesentlich größeres und massiveres umkreist; präziser: Beide Objekte umkreisen ihr gemeinsames Massezentrum.

Treibhauseffekt: Zurückhaltung infraroter Strahlung durch die Atmosphäre eines Planeten, wodurch sich die Temperatur auf und unmittelbar über der Oberfläche des Planeten erhöht.

Trockeneis: gefrorenes Kohlendioxid (CO_2).

UFOs: unidentifizierte fliegende Objekte; Objekte, die über der Erde gesehen werden, denen aber keine natürliche Erklärung zugeordnet werden kann.

Unaufhaltsamer Treibhauseffekt: Treibhauseffekt, der sich selbst verstärkt, wenn durch die Erwärmung einer Planetenoberfläche die Evaporation erhöht wird und sich dadurch wiederum der Treibhauseffekt verstärkt.

Urzeitliche Atmosphäre: ursprüngliche Atmosphäre eines Planeten.

Urzeitliche Erde: die Erde während der Phasen, die vor 4,5 Milliarden Jahren mit der Entstehung der Erde begannen und bis vor ungefähr 3,8 Milliarden Jahren, dem Ende des Zeitalters der intensiven Bombardierung, dauerten.

Verbindung: homogene Substanz aus Atomen zweier oder mehrerer verschiedener Elemente in konstantem Verhältnis, das heißt, mit einer bestimmten Art von Molekülen.

Virus: Komplex aus Nukleinsäuren und Protein-Molekülen, der sich nur in einer «Wirtszelle» innerhalb eines anderen Organismus vermehren kann.

Voyager-Raumschiffe: zwei Raumschiffe der NASA – Voyager 1 und Voyager 2 –, die 1978 von der Erde aus gestartet wurden und einige Jahre darauf an Jupiter und Saturn vorbeiflogen. Voyager 2 drang weiter vor und passierte 1986 Uranus und 1989 Neptun.

Wasserstoff: leichtestes und am häufigsten vorkommendes Element, dessen Kerne alle ein Proton und entweder kein Neutron oder eines enthalten.

Zelle: strukturelle und funktionelle Einheit, die in allen Formen des Lebens auf der Erde vorkommt, von den kleinsten einzelligen Organismen bis zu Pflanzen und Tieren, die jeweils Tausende Billionen von Zellen enthalten.

Zielgerichtete Panspermie: Vorstellung, daß außerirdische Zivilisationen Lebensformen ausgesandt haben könnten, um Planeten wie den unseren zu kolonisieren.

Literatur

Buttlar, Johannes von: *Leben auf dem Mars,* München: Heyne 1994

Davies, Paul: *Sind wir allein im Universum?,* Bern: Scherz 1996

Davoust, Emmanuel: *Signale ohne Antwort?,* Basel: Birkhäuser 1993

DeDuve, Christian: *Vital Dust: Life as a Cosmic Imperative,* New York: Basic Books 1994

Drake, Frank/Sobel, Dava: *Signale von anderen Welten,* München: Bettendorf 1994

Ebertin, Baldur R.: *Das ABC der Kosmobiologie,* Freiburg: Ebertin 1989

Fiebag, Johannes/Fiebag, Peter (Hg.): *Aus den Tiefen des Alls,* Tübingen: Hohenrain 1986

Fiebag, Johannes/Sasse, Torsten: *Mars – Planet des Lebens,* Düsseldorf: Econ 1996

Goldsmith, Donald: *Worlds Unnumbered: The Search for Extrasolar Planets,* Mill Valley, CA: University Science Books 1997

Goldsmith, Donald/Owen, Tobias: *Auf der Suche nach Leben im Weltall,* Stuttgart: Hirzel 1985

Heidmann, Jean: *Bioastronomie – Über irdisches Leben und außerirdische Intelligenz,* Berlin: Springer 1994

Heim, Burkhard: *Der Elementarprozeß des Lebens,* Innsbruck: Resch 1994

«Life in the Universe», Sonderausgabe des *Scientific American,* September 1994

Morrison, David/Owen, Tobias: *The Planetary System,* Reading, MA: Addison-Wesley 1992

Der Rote Planet im Kartenbild, hg. v. Staatsbibliothek zu Berlin, Gotha: Perthes 1993

Sagan, Carl: *Blauer Punkt im All,* München: Droemersche Verlagsanstalt 1996

Wilford, John N.: *Mars – Unser geheimnisvoller Nachbar,* Basel: Birkhäuser 1992

Woolf, Neville/Angel, Rodger: «Searching for Life on Other Planets», in: *Scientific American* 274, 60 (April 1996)

Danksagung

Ich möchte mich für das Glück bedanken, daß mir die Hilfe zahlreicher Freunde und Wissenschaftler (zwei Kategorien, die einander nicht ausschließen) zuteil wurde. Sie halfen mir, die unterschiedlichen Aspekte der Suche nach Leben auf dem Mars zu verstehen und zu erklären. Ohne ihre Unterstützung wäre ich nicht in der Lage gewesen, dieses Buch zu schreiben.

Ich danke allen, die so freundlich waren, Kommentare, Erläuterungen, Anregungen und Ratschläge in diese Arbeit einzubringen: Edward Anders, Richard Ash, Peter Baker, Justine Barletta, John Baross, John Barrow, Donald Bogard, Kenneth Brecher, Margaret Brose, Michael Carr, Simon Clemett, Jeff Cuzi, David Deamer, David Des Marais, Russel Doolittle, George Field, Richard Frankel, Imre Friedmann, Larry Gold, Paul Goldsmith, Rachel Goldsmith, Hyman Hartman, Ralph Harvey, Norman Horowitz, James Kasting, Dennis Kent, Joseph Kirschving, Andrew Knoll, Geoff Marcy, Lynn Margulis, Lawrence Marshall, Ursula Marvin, Christopher McKay, David McKay, David Mittlefehldt, David Morrison, David Nyquist, Leslie Orgel, Norman Pace, Christopher Romanek, Anneila Sargent, J. William Schopf, Roberta Score, Frank Shu, Lynn Simarski, George Smoot, Michael Soule, Larry Squire, Clifford Stoll, Jack Szostak, Brian Toon, Allan Treiman, Carol Trussel, Hojatollah Vali, David Vassar, Meenakshi Wadhwa, Richard Zare und vor allem Tobias Owen.